听专家田间讲课

优质莲藕高产高效栽培

（附：子莲、藕带栽培）

朱红莲　柯卫东　主编

中国农业出版社

图书在版编目（CIP）数据

优质莲藕高产高效栽培:附:子莲、藕带栽培/朱红莲，柯卫东主编．—北京：中国农业出版社，2016.5（2021.12重印）
（听专家田间讲课）
ISBN 978-7-109-21555-9

Ⅰ.①优… Ⅱ.①朱… ②柯… Ⅲ.①藕-蔬菜园艺 Ⅳ.①S645.1

中国版本图书馆CIP数据核字(2016)第069457号

中国农业出版社出版
（北京市朝阳区麦子店街18号楼）
（邮政编码 100125）
责任编辑 郭银巧 杨天桥

北京中兴印刷有限公司印刷 新华书店北京发行所发行
2016年5月第1版 2021年12月北京第4次印刷

开本：787mm×960mm 1/32 印张：4.75 插页：4
字数：67千字
定价：18.00元

主　编　朱红莲　柯卫东

副主编　刘冬碧　李建洪

编　者　（按姓氏笔画排列）

王　芸　牛长缨　匡　晶　朱红莲

刘义满　刘玉平　刘正位　刘冬碧

孙亚林　李　峰　李双梅　李明华

李建洪　周　凯　柯卫东　钟　兰

黄　玲　黄来春　黄国华　黄新芳

彭　静　董红霞　熊桂云

目录

MU LU

第七讲 莲藕保护地及轻简化栽培 / 110

第一讲 莲的分布及类型

一、莲的经济用途

莲（*Nelumbo nucifera* Gaertn.）属睡莲科（Nymphaeaceae）莲属（*Nelumbo*），多年生水生草本植物，又称莲藕、荷花等，古称芙蓉、芙蕖等。

莲是中国栽培面积最大、品种资源最丰富的一种名特水生蔬菜。莲的用途很广，全身是宝。莲不仅可以作蔬菜食用，也可药用，还可用于观赏。藕、藕带和莲子是其主要的食用器官。藕主要含淀粉、蛋白质以及多种维生素；莲子主要含淀粉、蛋白质以及多种氨基酸。藕带农药污染少、重金属含量低、质量安全水平高，并且营养丰富，干物质含量 4.82%～5.29%，粗纤维 0.51%～0.79%，蛋白质 0.80%，总糖 1.47%～1.60%。

另外，藕带还有一定的药用价值，李时珍的《本草纲目》记载“气味甘，平，无毒”，谓“藕带生食，主霍乱后虚渴烦闷不能食，解酒毒”“解烦毒，下瘀血”。

藕可凉拌、炒食、煨汤，也可加工成保鲜藕、速冻藕或藕粉、藕汁等，还可糖渍、腌渍；莲子在鲜嫩时可作水果生食，也可加工成通心莲、磨皮莲、莲子汁、莲子粉、莲蓉等；藕带可炒食、泡制。莲叶、藕节、莲根、莲心、花瓣、雄蕊等皆可入药。莲花，即荷花，由于品种繁多，花型、花色各异，已成为我国传统名花，是中国十大名花之一。故，莲不仅是一种经济作物，又是一种文化植物。

莲藕及其制品是我国传统的出口商品，在国际市场上享有较高的声誉。其中，盐渍藕、速冻藕和保鲜藕等产品主要销往日本，也有少量销往韩国及东南亚、欧美各国；莲子主要制成通心莲、磨皮莲等出口，大多销往东南亚各国；花莲种苗只有5%左右的外销，主要销往日本、韩国和欧美各国。此外，莲的叶片还是天然的简易包装材料，其产品荷叶在国外也有一定的市场。

二、莲的栽培及生产现状

莲的栽培主要集中于中国、印度、越南、日本、泰国、巴基斯坦等亚洲地区，其中，中国的栽培面积与资源之丰富在世界上居首位。

莲在中国分布很广，南至海南省三亚市（北纬 18.2°），北至黑龙江省抚远县（北纬 48.2°），东至台湾省（东经 121.7°），西至天山北麓（东经 85.8°）都有莲的踪迹。其垂直分布大致在海拔 2 780 米范围内。从具体的栽培分布来看，中国藕莲（以藕为主要产品者）栽培主要在长江流域、珠江流域和黄河流域，以长江中下游种植面积最大，主要产区在湖北、江苏、浙江、安徽、江西等地，台湾省也有一定面积的藕莲种植。目前我国藕莲栽培面积在 500 万～600 万亩*，以湖北省面积最大，为 120 万亩。目前全国子莲（以莲子为主要产品者）种植面积约 150 万亩，主产区分布在江西省、福建省、湖南省、湖北

* 亩为非法定计量单位，15 亩＝1 公顷。——编者注

省、浙江省等，其中湖北为子莲种植面积最大的省份，达60万亩；其次为江西省，面积35万～40万亩。花莲（以观花为种植目的者）的种植区主要以武汉、杭州、南京、重庆、北京、苏州、佛山等大中城市为主，大多种植在城市的园林风景区。

三、莲的分布

莲是一种古老的被子植物，中国是莲的起源中心之一，栽培历史悠久。莲也是中国最古老的作物之一，1973年在浙江省余姚县罗江村发掘新石器时期的河姆渡文化遗址中曾发现有莲、菱、蒲等花粉化石，经^{14}C测定，距今已有7 000多年；在距今5 000多年前的河南仰韶文化遗址中曾出土了炭化莲子。据古籍文献记载，早在3 000余年前已有关于莲的记载，如《诗经》（公元前6世纪中期）“郑风”与“陈风”篇分别有“山有扶苏，隰有荷华”和“彼泽之陂，有蒲有荷”的颂荷诗句。1923年和1951年在辽宁省新金县普兰店一带的泥炭层中还曾多次发掘到

1 000多年以前的古莲子，且仍可发芽生长。此外，考古发掘还证明，在2 000多年前的西汉时期，莲藕已作为蔬菜食用；唐代以前栽培的莲藕主要为深水藕，南宋典籍记载有利用水田栽培的浅水藕；此后，史料中还不时提到利用水稻田栽培浅水藕的事实。子莲的栽培历史亦较久远，据同治八年《广昌县志》和福建省《建宁县志》记载，两县种植子莲始于南唐梁代，至今已有1 000余年历史。子莲的大面积种植始于清代。花莲的种植主要以观赏为目的，最早大多引种到帝王的园林湖池中，距今也已有2 400多年的历史。

莲藕古代名荷，别名芙蕖、芙蓉。早期先民对莲藕的植物形态作了较细致的观察，并赋予其植株不同部位不同名称，《尔雅》记载："其华菡萏，其实莲，其根藕，其中的"，郭璞注："莲，谓房也，的，莲中子也"。

四、莲的类型

（一）莲种及类型划分

莲是最古老的双子叶植物之一，又具有单子

叶植物的某些特征。植物学上莲属（*Nelumbo* Adans.）植物共有两个种，一种是莲（*N. nucifera* Gaertn.），主要分布在亚洲；另一种是美洲黄莲（*N. lutea* Pers.），主要分布在北美洲。两者的分布虽被太平洋所隔，但形态差异并不明显。前者株型有大、中、小型，叶色绿，椭圆形；后者株型较小，叶色深绿，近圆形。前者根状茎从大到小都有，繁殖成活率高；后者根状茎较小，皮黄，繁殖成活率低。二者最大的差异是花色和花型，前者花径有大有小，花型有单瓣、半重瓣、重瓣、重台、千瓣等，花色有红、白、粉红等（唯缺黄色）；后者花径较小，单瓣，仅有黄色。

我国栽培的主要是莲，莲的栽培品种有三大类型：花莲、子莲、藕莲。花莲以观赏为主要目的，其花型、花色等性状有明显差异。花型有单瓣、半重瓣、重瓣、重台、千瓣等，花色有白色、白爪红、粉红色、红色、紫红色、复色（如洒锦）等，株型有大型、中型、小型等。子莲以采收莲子为目的，其莲子大小、形状，莲蓬形状、颜色、结实率、心皮数等性状有明显差异。

莲子形状主要有钟形、圆球形等。藕莲以采收肥大的根状茎——藕作菜用，其根状茎的大小、入泥深浅、产量等性状有明显差异。

在栽培学上，根据熟性的不同藕莲可分为早、中、晚熟品种，如鄂莲1号属早熟，鄂莲6号属中熟，鄂莲8号属晚熟；根据主藕节间形状的不同分为短筒形、中筒形、长筒形和长条形，如鄂莲7号属短筒形，9217属长筒形；根据其皮色的不同可分为白皮品种和黄皮品种，如00-01为白皮，鄂莲1号为黄皮等；根据其对栽培水深浅的适应程度不同又可分为浅水藕和深水藕，浅水藕适于在5～50厘米水层的浅塘、水田栽培，深水藕适于在50～100厘米水层的池塘、湖泊栽培。不同地区对不同类型的品种有不同的消费习惯。

子莲常根据品种来源不同进行分类，如来自湖南的称为湘莲，来自江西的称为赣莲（又名太空莲），来自福建建宁的称为建莲。花莲类型，因为其花色、花型、株型更为丰富，可分别进行分类。

除了以上藕莲、子莲、花莲三种栽培类型的莲以外，还有未经人工驯化，尚处于自然状态的一类莲藕，俗称野莲。野莲植株较大，花型多单瓣，花色多红色，老熟莲子多椭圆形。野莲的藕（俗称野藕）入泥较深，节间较长，为长条形，节数较少，通常3～4节，藕头锐尖，藕表皮黄白色，晚熟。

（二）莲的生态型

1. 温带莲

分布在北纬43°以北，包括我国吉林省、黑龙江省及俄罗斯南部地区的莲。在当地生长可达200厘米以上，花繁叶茂；在武汉地区生长，植株矮小（50厘米左右或不长立叶），叶色深绿，叶片厚实，根状茎膨大极早（5月中旬）。温带莲都为野生资源。

2. 亚热带莲

分布在北纬13°～43°，涵盖中国广大栽培区及东南亚部分地区。亚热带生态型莲的遗传多样性在三个生态型中最丰富，野生和栽培品种并存，包括藕莲、子莲、花莲。人工驯化程度最高。

3. 热带莲

分布在北纬13°以南的地区，如泰国、新加坡等热带地区。热带生态型莲又称为热带莲，这些热带地区的莲在形态特征如株型、叶片、花型等方面与中国的花莲十分相近，但是这些热带莲在当地无休眠期，一年四季都可以生长开花，根状茎在泥中生长不膨大结藕。引种到武汉地区后，主要表现为生育期长，开花期可到 11 月中下旬，根状茎不膨大或略微膨大成藕，热带莲多为野生资源，花型有单瓣、半重瓣、重瓣等，花色有白色、粉红色、红色等。

五、莲种质资源多样性

（一）莲种质资源的收集与保存

中国栽培利用莲的历史悠久，全国各地广泛分布着各种类型、各种生态型的莲地方品种和野生资源。20 世纪 60 年代武汉市园林科学研究所开始莲种质资源的调查收集，共收集种质资源 33 份，主要以花莲为主；80 年代初，中国相关科研单位开始进行莲的种质资源收集、保存及利用工作，如中国科学院武汉植物研究所收集了莲种质资源 125 份，其中藕莲 44 份，花莲 71 份，子莲 10 份。武汉市蔬菜科学研究所于 1990 年建立了国家种质武汉水生蔬菜资源圃。目前在国家种质武汉水生蔬菜资源圃内共保存有从国内 18 个省 100 多个市县征集的莲种质资源 600 余份，其中藕莲、花莲各 200 多份，子莲 20 多份，野莲 20 多份。与此同时，国内其他单位也开展了有关工作。这些基础性工作对中国莲的种质资源家底有了一个基本的了解。

（二）莲种质资源的多样性

1. 野生资源

野生莲藕资源在中国分布广泛，从南到北的大小湖泊中多有分布。但各地的野生莲由于生长在不同的生态地区，存在一些差异，其共性是植株高大（180～300 厘米）；花单瓣（少重瓣），花色红（少白），花冠大，花态碗状；花托有碟形、碗形、喇叭形；心皮数 20～30 枚，莲子多椭圆形；根状茎细长，淀粉含量高；生长势强。如广西发现的野莲在武汉地区植株高达 230 厘米，心皮数 22～33 枚，根状茎长 96 厘米，粗 4.25 厘米。湖北江汉平原的野莲株高达 178.8 厘米，心皮数 18 枚左右，根状茎粗 7.1 厘米，淀粉含量达 14.69%。在吉林、黑龙江一些地区也有野生莲分布，花粉红，在当地生长旺盛，植株高大，但在南方种植植株矮小。一般而言，野莲都开红色或粉红单瓣花，但在江西乐平发现有白花、瓣尖红色的野莲，十分少见。在云南邱北县普者黑生长的野生莲聚群全都是重瓣，花色有白色、红色及白色花带红斑（洒锦）混生在同一湖泊，实属罕见。从不同地区的野莲看，有的根状茎较粗大，有的花多、心皮数多。可见，野莲在长期进化过程中出现各种变异类型。现在栽培的藕莲、子莲、花莲是由不同野莲演变而来。

2. 地方品种资源

（1）藕莲　在20世纪80年代以前，中国的藕莲品种多由产地农民经多年选择而来。由于相互交流较少，往往形成一些有地方特色的品种资源，如湖北省武汉地区有早、中、晚熟的各种地方品种。早熟的有六月爆、嘉鱼藕；中熟的有湖南泡子、猪尾巴、洲藕；晚熟品种有大毛节、小毛节等。藕的皮色有白色、黄色，藕的节间有长节、短节，开花的数量有多有少，类型较为丰富。湖北省孝感地区有红泡子、白泡子。江苏省宝应县特有的红芽藕，其代表品种为红嘴子、大紫红、美人红、小暗红，每亩产量 1 500～2 000 千克。浙江省藕莲的品种也较多，早熟品种中有绍兴小梢种、湖州早白荷、金华小白莲，中熟品种有金华黄芽头、红花改良种、绍兴梢种，晚熟品种有湖州迟白荷、金华大白莲等。此外，国内较为著名的地方品种还有江苏省苏州市的早熟品种花藕、中熟品种慢荷及安徽省的晚熟品种雪湖贡藕等。

不同地区往往有不同的特色莲资源。一般而言，长江中下游地区的莲资源产量较高，品质好，藕节均匀，节间长 15～18 厘米，一般适合水田栽种。北方地区如河南、陕西、山东等地莲资源较少，人工驯化程度不高，其藕节多长条形，产量低，入泥深。南方地区的广东、广西、福建等地莲资源藕节多短筒形或长条形，单支藕较轻，每亩产量仅1 000千克左右。西南地区的贵州、云南、四川等省往往有一些特异资源，如云南思茅地区种植的藕莲为红花莲，产量低，品质差，但是可作为很好的花莲资源。在云南省昆明市周边的安宁、姚安、晋宁、宜良、玉溪等近十个县市，分布有大面积的千瓣莲，或在池塘中生长，或在水田内栽培。中国的台湾省也有莲栽培。台湾目前栽培莲藕品种有两个，一为红花藕，以采收莲子为主，可能是子莲；另一为白花藕，以采收肥大的根状茎为主，即藕莲。

（2）子莲　子莲的种质资源主要分布在湖南、江西和福建省。湘莲品种较多，按产地进行命名，有湘潭寸三莲、耒阳大叶帕、衡阳乌莲、桃源九溪红、汉寿水鱼蛋、益阳冬瓜莲，华容荫白花和安乡红莲，统称为“湘莲”。历史上，根据商品经济性状和传统商业销售特点，将湘莲分为白莲、冬瓜莲和红莲三个档次。红莲为野生种，莲子较小，品质差，产量低；冬瓜莲为半栽培种，晚熟，深水莲，果实椭圆形，品质优于红莲，产量低；白莲包括寸三莲、大叶帕、乌莲、九溪红、水鱼蛋等，莲子卵圆形，品质优。江西广昌等地的子莲地方品种主要有百叶莲、广昌白花莲等品种。福建子莲产地主要在建宁县，以建宁县出产的西门莲最著名。建莲的主要地方品种有红花建莲和白花建莲。

此外，在湖北、浙江等地也有一些子莲地方品种，但少有人收集整理。

第二讲
莲的形态特征及特性

一、莲的植物学形态

莲植株形态见图1。

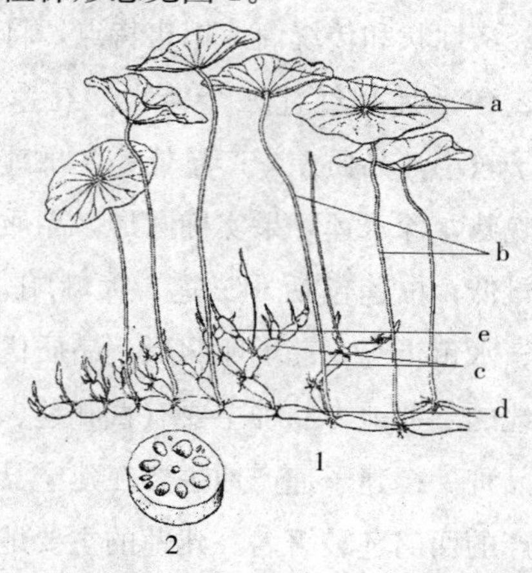

图1　莲　藕
（蒋祖德绘）
1. 植株　2. 藕的横切面
a. 叶片　b. 叶柄　c. 子藕　d. 主藕　e. 孙藕

（一）根

莲的根为须根系，成束环生在根状茎节部的四周，每个节上环生6束根，每束10～25条，平均根长10～15厘米。幼根白色或淡红色，老根褐色或黑褐色。须根系主要起吸收养分和固定植株的作用。

（二）茎

莲的茎为地下根状茎，是由种藕的顶芽和侧芽抽生长而成，在15～50厘米的泥层中横向生长，自第三节开始抽生分枝，分枝长到一定长度后可再生分枝。生长期间的根状茎直径1～2厘米，节间长20～100厘米，横切面周边有7大2小共9个通气孔。根状茎最前的带有顶芽的一节俗称“莲鞭”“藕带”，在湖北省等地有食用莲鞭的习惯。生长后期根状茎膨大即是粗壮的藕，一般3～7节，横径3～10厘米。其先端一节较短小，称为藕头；中间几节较粗、长，称为藕身；最后一节较细长，称为尾梢，其食用价值较低。藕头、藕身、尾梢合在一起，称为主藕。从主藕的节部长出的藕称为子藕，从子藕的节部长出的藕称为孙藕。主藕、子藕和孙藕渐次短小，合称整藕。

藕是主要食用器官和繁殖器官。藕的皮色白

或黄白，散生淡褐色皮孔。藕头有圆钝和锐尖之分，圆钝一般入泥浅，锐尖入泥深。藕头上着生顶芽，莲的顶芽外被鳞片，里面有一个包裹着鞘壳的叶芽和花芽形成的混合芽及短缩的根状茎。短缩的根状茎顶端又有一个被芽鞘包裹的新顶芽。每一级藕头的顶芽都有相同的结构。

（三）叶

莲的叶由叶柄和叶片组成。浮于水面上的叶称为浮叶，挺出水面的叶称为立叶。叶片圆形或椭圆形。叶柄圆柱形，其上密布刚刺。叶柄内有4个大的通气道，叶柄的通气道与地下器官的气道相通而成为发达的通气系统。叶柄的上部与叶背相连，相连处构成一半环形的“箍”，呈黄绿色或红色。叶片正面具有蜡质，气孔仅存在于叶片的上表皮。叶片正面的中心称为叶脐，叶脐内具较多排水器。每片叶的叶脉19～22条，从叶脐至边缘呈辐射状排列，除通向叶尖的一条外，其他均为二歧分枝。叶柄的高度通常也称为株高，不同品种差异较大。

（四）花

花单生，两性。花与立叶并生，花柄（花

梗）位于同一茎节上的立叶背部，一般高于立叶，花柄有7大2小9个通气道。花由花萼、花冠、雄蕊群、雌蕊群、花托和花梗组成。花药条形，花丝细长，着生于花托之下；雌蕊柱头顶生，心皮多数，散陷于海绵质的花托内。受精后，花托膨大，称为“莲蓬”（图2）。

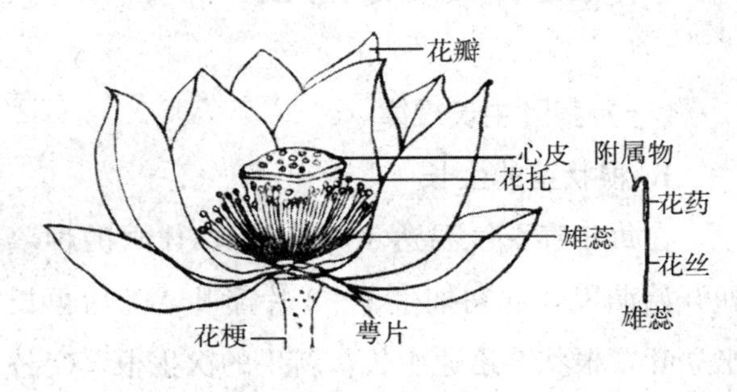

图2 荷 花

（引自：《中国莲》）

藕莲、子莲常为单瓣，藕莲花色通常为白爪红；子莲通常为红色，少有白色；野莲常为红色。

（五）果实和种子

莲的果实俗称“莲子”，属小坚果，果皮革质，老熟后黄褐色至黑色，极坚硬。莲子去皮后即为种子，种子由膜质的种皮和胚组成，胚由2枚肥大的子叶、胚芽、胚轴和退化的胚根组成。食用的部位就是两个肥大的子叶。

藕莲的莲子多为椭圆形，子莲的莲子多为圆球形，野莲的莲子常为纺锤形或椭圆形。

二、莲的生物学特性

（一）茎叶生长规律

1. 根状茎的生长

在每年春季气温达13℃以上，休眠的种藕即开始萌发，起初抽生1～2片浮叶，随后再长出立叶，根状茎迅速生长，新生的次生根茎交替水平伸向上一级根茎的两侧，新老根茎之间在生长方向上的夹角为30°～125°（品种之间存在差异）。生长期间，根状茎的节间一般是一节比一节长，一节比一节粗；在根状茎膨大形成藕前，往往会出现一个预膨大节，粗2～3厘米，随后就开始膨大形成尾梢节。种藕的一个芽往往能形成2～3支藕。主枝结藕较分枝结藕大。

藕莲和子莲的生长构型是一样的，但不同品

种在叶柄高、叶片大小、根状茎节间长、分枝角度等方面有差异（这与品种特性有关）。特别是不同品种膨大结藕的节位是不同的，藕莲结藕的节位在第5～13节，而子莲结藕在第18～22节。藕莲结藕节位越靠前，说明其熟性越早，反之则越迟，它是不同品种熟性的标志。早熟莲藕在第7～8节位即膨大结藕，晚熟品种在第12～13节位结藕，但同一品种在同一环境下种植，结藕的节位是相对稳定的，其二级分枝结藕的时期与节位与主枝相同。子莲结藕节位越靠后，其花期就越长。

在环境不同的水田和鱼塘中，同一品种的莲藕生长是有差异的，虽然它们在大的趋势上一致。塘栽莲藕在相同节位上的叶柄高、叶片大小、根状茎节间长、根状茎节间粗以及最后膨大形成藕的节数都大于田栽莲藕，这可能是由于塘内有机质更为丰富的原因，但它膨大结藕的节位比田栽晚1～2节，也就是表现出略为晚熟7～10天。

2. 立叶的生长

在莲根状茎的主枝和分枝上，立叶的生长都

只出现上升梯度叶群，也就是立叶叶柄一片比一片高，叶片不仅着生在细长的根状茎（莲鞭）上，而且在膨大的根状茎节（藕体）上也长出高大的叶片。结藕终止前三节，长出一片弱小的立叶，该立叶出现后表示其前方还可以膨大形成三节藕，该叶可称为“终止叶”（图 3）。

莲叶片在长满全田后，在不同高度的空间都有叶片分布，虽然参差不齐，但可以接受不同层次的光线，提高了对光的利用效率。莲地上资源的吸收结构（叶）和地下资源的吸收结构（根）都由水平生长的根状茎连在一起，形成一种生理上的整合。

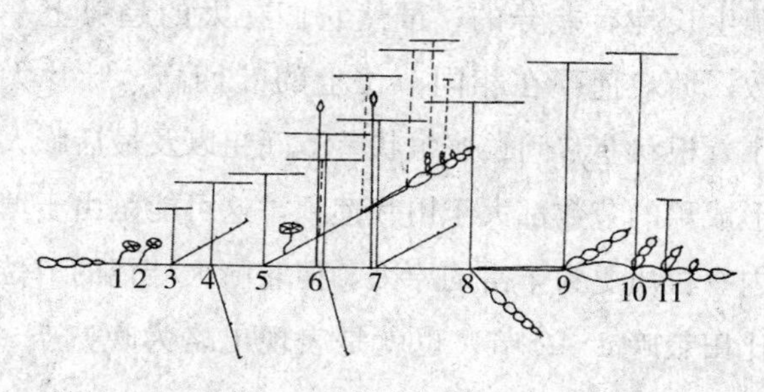

图 3 莲的生长模式图

（柯卫东等，2007）

（注：1、2 为浮叶；3、4、6、7、8 分枝上的叶片未画出；11 为终止叶）

（二）开花结实习性

在三种类型的莲中，以子莲、花莲开花较多，不同品种开花始期、盛期、终期不一样，藕莲开花相对较少。开花的多少因品种而异，少数品种开花极少甚至不开花。

1. 单朵花的开放过程

莲一般在长出立叶后才伴生长出第一个花蕾（有些花莲、子莲品种在浮叶期就现蕾开花）。单朵花从现蕾至开花需 10～18 天，主要与温度有关。一般在 5～6 月或 9 月，由于温度较低，从现蕾到开花需 14～18 天，而在 7～8 月的高温季节则只需 10～14 天即可开花。从现蕾至开花期间，花柄每天都在不断向上生长，花蕾也逐渐膨大，直至开花；而一片荷叶从出叶苫到叶片完全张开只需 5～8 天，也就是说在同一节位上的叶和花，叶片先定型。一般花柄比叶柄略高 10 厘米左右，但有些品种的花莲花柄比叶柄高出40～50 厘米。

不管是何种类型的莲，单朵花开放至凋谢时间一般为 3 天，经历初开、盛开、谢花三个阶段。

初开期（第一天）：一般在早上5:00左右，花蕾顶部张开3～3.5厘米的孔，雌蕊群先成熟，柱头上分泌有大量黏液，此时柱头具有接受花粉受精的能力。初开的花朵散发出浓郁的清香，花朵内有大量的蓟马等昆虫活动，可以将其他花朵内的花粉带到该花的柱头上。初开的花，雄蕊群尚未成熟，花药不开裂。上午8:00～9:00，花瓣逐渐闭合。授粉6～8小时后即可完成精卵的结合。

盛开期（开花第二天）：第二天早上5:00左右，花瓣充分张开呈辐射状，雄蕊群四散张开，花药壁破裂，散出大量花粉，花朵芳香四溢，招来大量昆虫采粉。第二天已授粉的雌蕊群柱头干燥呈黄褐色，而未授粉的柱头保持新鲜且有大量黏液，可以接受花粉受精。上午9:00～10:00，花瓣逐渐闭合，但花瓣的闭合程度较松散。

谢花期（开花第三天）：花瓣再次张开，但已不鲜艳，柱头变干呈黑褐色，花药平倒在花瓣内侧。第三天的花瓣不能再闭合，花瓣开始由外向内逐渐脱落。至第四天，花被完全脱落，仅有少量雄蕊残存在花托基部。

单朵花的开放除与温度有关外，与光照关系也较大。现蕾若遇连续阴雨 3～5 天，则花蕾可能自然死亡。在莲的盛开期，若遇雨水，则造成花粉黏成团不能正常授粉而造成大量不育，子莲盛花期若遇连续雨水则会造成大量心皮不结实现象，从而减产。

荷花的昼开夜合现象，与花内保持有一个稳定的温度环境有关。清晨随气温的上升，花瓣会吸水而张开，到 9～10 时后，强烈的阳光会使气温迅速上升，湿度下降，为保持花内有一稳定的温湿度环境，花开始闭合，以使受精卵正常发育。有人曾对蕾中和花内的温度进行测量，表明其稳定在 30～34 ℃，其温度变幅仅 3～4 ℃。

2. 群体花的开放

同一品种的第一朵花开放至最后一朵花凋谢为该品种的群体花期，不同品种差异很大。有些品种在 5 月上中旬即进入始花期，而另一些品种则要到 7 月中下旬才现蕾开花。一般而言，莲花是连续开放的，第一朵花现蕾后，其后的花蕾会伴随着不断长出的叶片陆续出现，随着莲植株的生长，单位面积上叶片数的增多，莲进入结藕期，此时莲就停止现蕾。决定群体花量多少主要有以下几个因素：①品种。品种的基因型是基础，决定了开花的多少，开花的迟早。②可利用的空间资源。即使同一品种在不同空间内开花的数量也是不一样的，因为当单位面积叶片数达到一定数量（因品种而异），就会出现根状茎膨大而使现蕾停止。③温度、光照、阴雨。温度较低不利开花，日均气温 28～32 ℃开花最盛；光照不好、阴雨连绵不利开花。

对于多数品种而言，莲的开花盛期一般出现在 6 月下旬至 8 月上旬，立叶的快速增长期一般也就是开花盛期。

3. 莲花的传粉和授粉

莲花属雌蕊先熟，也就是雌蕊先于雄蕊一天成熟，这就导致了异花授粉为主。雌蕊柱头一般在花开的前两天可以授粉。自然情况下，在开花第一天和第二天自然授粉的莲花其平均结实率分别为 56.7％和 59.2％，而开花第三天的柱头即使进行人工授粉结实率也为 0。在人工辅助下，授粉的结实率为 70％～80％，但在无昆虫、人工辅助下，自花授粉不能实现。

莲花是虫媒花，据叶奕佐（1983）调查，莲花内至少有14种以上的传粉昆虫，经鉴定分属鞘翅目、双翅目、膜翅目和缨翅目。其中膜翅目昆虫（如蜜蜂）是数量最多、作用最大的传粉者。虽然为莲传粉的昆虫有十多种，但蜜蜂的传粉能力较强，因此在子莲的种植区可以适当配置蜜蜂蜂群，以提高子莲的产量。

花粉粒在散药几小时后，大部分要聚成"团粒"，其生活力已显著减弱，至第三天清晨（裂药24小时），残留在花朵内的花粉粒基本已失去生活力，也就是莲花粉粒的活力在自然条件下一般持续一天。

4. 结实

莲在受精后，果实和种子开始发育生长，从子房受精到种子成熟一般需要28～40天，因气温的不同而异。其发育过程可分为四个时期：

（1）黄子期　果实体积重量较小，种子刚开始发育，果皮为黄色或黄绿色，一般经历10～12天。

（2）绿子期　果实中的种子体积迅速膨大，占据整个果实空间，果实的体积膨胀到最大，果皮由黄绿色变为绿色。果实卵形或长卵形。此时种子发育并未完全成熟，是子叶营养大量积累的时期，胚已变为绿色，略带苦味。这一时期需经历10～12天。

（3）褐子期　果实大小与形状变化不大，果皮逐渐由绿色变为褐色，子叶经历一个营养转变时期，更多地转变为易储藏的物质，胚已成熟，有苦味。若此时破壳播种，种子可以萌发，这是莲果实最重的时期。这一时期需6～8天。

（4）黑子期　果实和种子大量失去水分。果实的体积大幅度减小，完全成熟后仅为果实最大时的75%左右。果实与花托的蓬孔之间出现大的孔隙，果实易脱落，农民称为“摇铃期”。完全成熟的果皮通常为黑褐色，果皮坚硬，子叶硬而不甜，用力碾磨即成粉状。胚完全成熟，味苦。这一时期需2～4天。

（三）生长发育时期划分

莲藕一般以膨大的根状茎（藕）进行无性繁殖，全生育期120～200天，按其生长发育规律，一般分为以下几个时期：

1. 幼苗期

从种藕根茎萌动至第一片立叶长出前。在平

均气温上升到 13 ℃时，莲开始萌动，此期长出的叶片全部为浮叶。一般而言，田间水层越深，浮叶抽生越多；水浅，浮叶抽生少。定植 5～7 天后抽生第一片浮叶，抽生 2～4 片浮叶后开始抽生立叶，7 月中下旬是浮叶生长最多的时期（在整个生育时期，莲都伴随有浮叶的抽生生长，这主要是腋芽萌发后开始形成侧枝时，起初的叶片也是浮叶，侧枝的浮叶往往仅 1 片）。

在长江中下游地区，一般在 3 月下旬或 4 月上旬莲开始萌动长出浮叶，4 月下旬至 5 月中旬抽生立叶。在华南及西南的云南地区，3 月上旬莲就开始萌动生长，而华北的河南、山东等地在 4 月下旬或 5 月上旬才开始萌动生长。东北地区要到 6 月上旬才开始萌动。莲的物候期还与品种有一定关系。一般而言，莲的萌动期就是莲藕定植的最佳时期。

2. 成株期

从立叶长出至开始结藕前。此时期是莲营养生长的旺盛时期，同时伴随开花结实的生殖生长过程。长江中下游流域一般为 5 月上中旬至 7 月上旬或 8 月上旬。这一时期的典型特征是立叶数大量增加，平均 5～7 天根状茎生长一节，并抽生一个叶片，同时根状茎的每一节又可抽生出新的分枝，从而形成一个庞大的分枝系统。

在叶片不断生长的同时，植株开始现蕾开花。开花的多少因品种而不同，子莲在长出 3～4 片立叶后，基本上是一叶一花。这一时期是子莲产量形成的关键期。藕莲甚至无花或少花。长江中下游流域 7～8 月为盛花期。

3. 结藕期

莲生长到一定时期，根状茎开始膨大形成藕。藕莲的早熟品种一般在 6 月中下旬，中晚熟品种在 7 月下旬或 8 月上旬进入此时期。结藕的迟早主要与品种特性有关，其次与种植密度、土壤肥力、温度等有关。

4. 休眠期

新藕完全形成后，莲地上叶片开始枯黄，进入休眠。在武汉地区一般在 9 月下旬至第二年 3 月下旬为止。

（四）对外界环境条件的要求

1. 温度

莲为喜温植物，日均气温 28～30 ℃最适于其生长。莲的萌发温度要求在日均气温 13 ℃以上，否则将影响幼苗的生长。在莲的生长后期，较大的昼夜温差有利于营养物质的积累和藕的膨大。

2. 光照

莲为喜光植物，喜晴朗天气，阴凉、少光不利于其生长，叶片易出现病斑。现蕾开花期若缺少光照、多阴雨，花蕾易萎蔫死亡，结实率会下降。生长中后期在强光照条件下，若温度适宜则莲的根状茎生长迅速，也有利于子莲开花结实。

3. 水分

莲是水生植物，整个生育期内不能缺水，由于长期适应水中的生长，各器官都发育出发达的通气组织。莲在不同发育期对水位的要求不同。在生长初期，水位宜浅，通常以 3～5 厘米为宜，以利于水温升高；生长中后期宜深，一般掌握水位在 10～15 厘米。不同品种对水深的适应性不同，如小型花莲品种只适合在 10 厘米以下的水中生长，而一些野生莲和大型的藕莲、子莲可在 1.0～1.5 米的水中生长。同一品种的莲在不同水位环境下生长，对其产品有一定影响，如同一品种藕莲在深水的池塘中生长，藕的节数变少，节间变长，熟性延迟；而在水层较浅的水田中生长，则藕的节数变多，节间变短，熟性提早。

4. 土壤

莲喜有机质多而肥沃的壤土，土壤过分贫瘠、板结或黏性过大，都不利于莲的生长发育。若在沙土中种藕，必须施用大量的有机肥，否则藕短小，肉质粗硬，风味差。莲田要求耕层的深度在 30 厘米左右，pH 为 6.5～7.5。

第三讲 莲藕需肥规律与施肥技术

一、莲藕养分需求量

（一）莲藕产量的形成

在常规露地栽培条件下，莲藕幼苗期和成株期前期叶片生长较慢，随着莲藕的生长和气温的回升，莲藕立叶生长速度加快，光合作用能力增强，植株体内积累的光合作用产物也越来越多，到结藕期的早中期，叶片中积累的光合作用产物达到最高值，从田间长势看，也就是叶片生长最旺盛的时期。而在叶片生长进入最旺期之前，莲藕根状茎前端已开始膨大结藕，随着膨大茎的逐渐成型和后期物质充实的需要，莲藕生长发育的重心转为以形成产量为主，从此以后，叶片光合作用能力逐步减弱，叶片、叶柄和根状茎中的干物质不断运输储存到膨大茎中，促进膨大茎干物质的快速积累，产量迅速增加，到结藕期末，叶片开始枯黄，莲藕已充分发育成熟，干物质积累量不再有明显的增加，进入枯荷藕收获期。

莲藕充分发育成熟后，鲜产量通常占莲藕植株总重量的80%～85%，干物质产量通常占莲藕植株总重量的82%～87%。

（二）莲藕氮磷钾养分的需求量

莲藕植株对氮、磷、钾养分的吸收积累总量与莲藕植株干物质积累总量的变化趋势基本一致，也就是说，生育前期养分积累量较低，增加较慢，当莲藕进入结藕期中期、膨大茎基本成型之后，养分积累进入快速增长期，叶片、叶柄和根状茎中积累的养分不断减少，随同干物质运输并储存到膨大茎中。与此同时，莲藕根系还从土壤中吸收更多的氮、磷、钾养分，直接运输储存到膨大茎中，促进膨大茎中养分的快速积累和产量形成，到结藕期末之后，养分积累量不再有明显的增加。

从不同时期莲藕植株积累的养分总量以及在不同器官中的分配比例来看，在亩产2 500千克左右的高产栽培条件下，结藕初期莲藕植株吸收积累的氮、磷、钾总量分别约为每亩6.0千克、0.8千克、7.8千克，氮积累量在叶片、叶柄、根状茎和膨大茎中分配的比例分别为65%、15%、11%和9%，磷积累量的分配比例分别为50%、14%、16%和20%，钾积累量的分配比例分别为33%、35%、17%和15%；在结藕中期，莲藕植株吸收积累的氮、磷、钾总量分别约为每亩7.6千克、1.0千克、10.0千克，氮积累量在叶片、叶柄、根状茎和膨大茎中分配的比例分别为35%、7%、6%和52%，磷积累量的分配比例分别为26%、6%、5%和63%，钾积累量的分配比例分别为16%、18%、8%和58%；在结藕期末，莲藕植株吸收积累的氮、磷、钾总量分别约为每亩8.7千克、1.7千克、12.8千克，氮积累量在叶片、叶柄、根状茎和膨大茎中分配的比例分别为9%、4%、2%和85%，磷积累量的分配比例分别为5%、3%、2%和90%，钾积累量的分配比例分别为4.5%、5.5%、2%和88%。

可以估算出每生产1 000千克青荷藕（鲜藕），肥料三要素吸收量（每亩）大约为氮（N）

5.05千克、磷（P）0.66千克、钾（K）6.58千克，氮、磷、钾吸收量之比为N∶P∶K=1∶0.13∶1.30，在实际生产和施肥中常表示为N∶P_2O_5∶K_2O=1∶0.30∶1.56；每生产1 000千克枯荷藕（鲜藕），肥料三要素吸收量（每亩）大约为氮（N）3.48千克、磷（P）0.68千克、钾（K）5.12千克，氮、磷、钾吸收量之比为N∶P_2O_5∶K_2O=1∶0.44∶1.78。

二、莲藕测土配方优化施肥技术

（一）测土配方施肥的含义

土壤是作物的“天然粮仓”，土壤和肥料中的养分是作物的“粮食”。天然粮仓中的养分常常不能满足作物需求，需要通过施肥的方式进行补充，作物才能正常生长发育、获得高产。测土配方施肥是以土壤分析测试和作物田间肥料效应试验为基础，根据土壤养分含量、供肥性能以及作物全生育期需肥规律，在因地制宜合理施用有机肥基础上，提出氮、磷、钾及中、微量元素肥料的肥料品种、施用数量、施用时期和施用方法。实施测土配方施肥的目的，在于有针对性地补充作物生长发育所必需而土壤供应又不足的营养元素，以实现各种必需元素的充足供应和均衡供应，满足作物正常生长发育的需要，实现高产优质、增产增收。

（二）测土配方施肥的作用

1. 提高产量和改善品质，增加施肥经济收益

提高产量、改善品质从而增加施肥经济效益是测土配方施肥的首要目的。事实上，在一定土壤供肥力背景和生产条件下，对不同作物无论施用一种、两种或多种养分，在其适宜施用量范围内，都对作物产品品质有良好作用。根据藕田土壤供肥能力和莲藕需肥规律来进行配方施肥，能充分发挥优质莲藕品种的产量潜力和优良品性，提高种藕的经济效益。例如，合理施氮和钾能提高莲藕膨大过程中还原糖和可溶性总糖的含量，改善青荷藕的食用品质；适量施钾能促进碳水化合物的合成和运输，提高成熟藕中淀粉的含量，提高其内在品质等。

配方施肥增加产量有三种形式：①调肥增产。即在不增加化肥投资的前提下，调整化肥中

氮、磷、钾及中、微量元素肥料的比例，纠正偏施，提高产量；②减肥增产。即在以高肥换高产和施肥经济效益较低的地区，适当减少某一种或者某几种肥料的用量，能取得增产或者平产的效果；③增肥增产。即在施肥水平较低或者单施某一种肥料的地区，适当提高施肥量或者配施某一元素肥料，即可显著增加作物产量。在莲藕生产中，通常在农户习惯施肥基础上大幅度减少氮、磷肥料用量，适当补充钾肥和微量元素肥料，将“减肥”与“调肥”结合起来，才能达到合理施肥、增产增收的效果。

2. 维持和提高土壤肥力，改善土壤生态环境

克服土壤养分障碍因子，实现平衡施肥，不断提高土壤肥力，是测土配方施肥的重要内容。合理配施中、微量元素肥料能消除土壤养分障碍因子，克服某些生理病害或营养失调问题；国内外一些长期定位试验结果证实，化学肥料只要施用得当，既能提高作物产量和品质，又能提高土壤肥力；因地制宜地合理施用有机肥，实行化学肥料与有机肥料配合施用，能促进土壤养分均衡化，不断提高土壤全面、持续供应各种养分的能力，提高土壤有益动物和微生物多样性，增强土壤缓冲性能，从而为作物生长提供一个良好的土壤生态环境，提高土壤持续高产稳产的能力，实现“藏粮于地”。

3. 提高肥料资源利用效率，降低环境污染风险

化肥与世界上任何其他事物一样，并不是完美无缺的。大量连续地施用化肥，特别是在不平衡与不合理施肥的状况下，施用化肥的一些负面作用就会日益显现出来，如增加土壤环境中硝态氮含量，硝态氮随水流失或淋失，引起水体富营养化等。种植莲藕的经济效益较好，氮磷肥料投入长期偏高，而莲藕又常常种植在水系发达的低湖河谷地区，由于偏施氮磷肥导致的氮磷排放对周边水体环境的污染风险较高。因此，测土配方施肥技术的推广应用能降低肥料投入量，提高肥料资源利用效率，最大限度地减少环境污染风险。

4. 提高作物抗逆性，预防或减轻病虫害发生

与人类平衡饮食保障健康的道理类似，测土配方施肥在供给作物充足养分、提高土壤肥力、改善土壤生态环境的同时，还能促进作物健康生长，提高作物抗逆性，最大限度地预防或减轻病虫害的发生。莲藕施用充足的钾肥能促使荷秆（叶柄）生长健壮，表现为叶柄纤维细胞的层数增加、细胞壁增厚，且排列整齐，形成坚硬的表皮层，增强莲藕抗风、抗倒伏和抗病虫害的能力，从而在一定程度上减少化学农药的使用。

（三）莲藕测土配方施肥技术

1. 莲藕测土配方施肥方案的制定依据和原则

莲藕氮、磷、钾施肥量的确定主要以田间肥料效应试验为基础，综合考虑多年、多点由二次函数模型获得的最佳经济产量施肥量，以及由线性＋平台模型获得的临界施肥量，提出一定区域内中等土壤养分含量、中高产量水平条件下氮、磷、钾肥料优化配方，高、低不同土壤氮磷钾含量和产量水平下的施肥量，在此基础上进行适当增减。中、微量元素肥料施肥方案，目前主要采用常规大田作物的推荐施肥方法，对处于养分潜在缺乏和缺乏两个级别的土壤，要通过施肥的方式加以补充，其中对于潜在缺乏的中、微量元素，可以隔年施肥；处于缺乏级别的中、微量元素，可以适当加大施肥量，并建议施两年停一年。

确定氮、磷、钾施肥总量的原则，是在较高产量水平下充分发挥土壤自身养分的作用，也保证较高的肥料养分利用率，尽量降低过量施肥对莲田周边环境造成污染风险；在中等产量水平下提供充足的肥料养分，充分发挥莲藕产量潜力；在较低产量水平下，一方面要适当减少施肥量，另一方面要查找造成低产的原因，包括品种、土壤环境、施肥结构、病虫害、气候等因素，并采取相应的措施，连作多年的老莲田可以进行轮茬种植。

2. 莲藕优化施肥技术

（1）根据预期产量和土壤肥力水平确定施肥量 根据测土配方施肥原理，在特定的生态区域内，莲藕施肥量主要考虑预期产量水平和土壤养分状况。预期产量是指在没有明显病虫害发生的条件下，前两三年农户习惯施肥条件下莲藕产量的平均值。由于莲藕既可以收获枯荷藕，也可以收获青荷藕，因此莲藕施肥还需要考虑收获类型和种植模式。

以湖北为例，在莲藕主产区中等土壤氮、磷、钾含量水平下，亩产1 500～2 000千克枯荷藕（中高产量水平），全生育期氮、磷、钾肥料优化用量为：纯氮（N）24～28千克、纯磷（P_2O_5）5～7千克、纯钾（K_2O）15～18千克；亩产800～1 000千克青荷藕，氮、磷、钾肥料优化用量为：纯氮（N）18～22千克、纯磷（P_2O_5）4～6千克、纯钾（K_2O）10～13千克，且后茬作物（如晚稻）施肥以氮肥为主，磷肥可省去不施。此外，所有莲藕产区都应施用硼肥和锌肥。

（2）选择适宜的肥料品种　适于藕田施用的氮肥品种主要有尿素、碳酸氢铵、氯化铵、磷铵等，碳酸氢铵含氮量较低，且容易挥发损失，不提倡使用；硝态氮肥易流失，不宜在水田施用。适宜藕田施用的磷肥品种主要有过磷酸钙、磷酸二铵、磷酸一铵、钙镁磷肥等，其中过磷酸钙含磷量较低，且含有一定量的硫，而藕田中有效硫的含量往往较高，因此过磷酸钙不是最适宜的磷肥品种；对于缺镁的土壤，施用钙镁磷肥是不错的选择。适于藕田施用的钾肥主要为氯化钾；硫酸钾的成本比氯化钾高，还含有约18%的硫，容易在水田中积累，因此硫酸钾不宜在藕田施用；此外，磷酸二氢钾适合喷施，可作为补充手段在子莲的追肥期施用。硼砂、七水硫酸锌和一水硫酸锌分别是传统的硼肥和锌肥品种，目前市场上这两大类肥料品种较少，因此硼肥可选择持力硼或千粒硼，锌肥可选择大粒锌，每亩用量200～400克（1～2包），建议连施两年停一年，以充分利用其后效。

在莲藕生产中，农户普遍施用各种浓度的复混肥。施用氮、磷、钾复混肥也是一种轻简化的施肥方法。针对当前市场上没有适宜的莲藕专用肥的实际情况，在莲藕施肥中，建议使用45%（15% N，15% P_2O_5，15% K_2O，即15—15—15）的复混肥作为磷肥肥源，以方便计算，并全部作底肥施用，底肥中不足的氮肥和钾肥可分别用尿素和氯化钾补充。仍然以湖北莲藕主产区为例，在中等土壤磷含量、中高产量水平情况下，枯荷藕（亩产1 500～2 000千克）每亩施35～45千克45%（15—15—15）的复混肥，青荷藕（800～1 000千克）每亩施25～40千克45%的复混肥，即可满足对磷的需要。藕田常用化学肥料品种及主要养分含量见表1。

表1　藕田常用化学肥料品种及主要养分含量

肥料名称	传统分类	主要养分含量	其他养分及含量	备注
尿素	氮肥	N 46%		
碳酸氢铵	氮肥	N 17%		
氯化铵	氮肥	N 25%	Cl 66%	
过磷酸钙	磷肥	P_2O_5 12%	S 14%，Ca 20%	
磷酸二铵	磷肥	P_2O_5 46%	N 18%	二元复合肥
磷酸一铵	磷肥	P_2O_5 48%	N 11%	二元复合肥
钙镁磷肥	磷肥	P_2O_5 18%	CaO 25% MgO 14%	
氯化钾	钾肥	K_2O 60%	Cl 47%	
磷酸二氢钾	钾肥	P_2O_5 52%	K_2O 34%	二元复合肥
大粒镁	镁肥	Mg 20%	S 26%	长效大颗粒
硼砂	硼肥	B 10%		
持力硼/千粒硼	硼肥	B 15%		
七水硫酸锌	锌肥	Zn 22%	S 10%	
一水硫酸锌	锌肥	Zn 35%	S 16%	
大粒锌	锌肥	Zn 34%	S 15%	长效大颗粒
生石灰	土壤改良剂	CaO	与水反应，生成熟石灰	
熟石灰	土壤改良剂	$Ca(OH)_2$	相对不溶于水，溶液pH>12	

注：复混肥品种繁多，没有一一列入，养分含量请详见包装袋。

（3）适宜的施肥时期　肥料施用时期根据莲藕全生育期养分需求规律、不同肥料养分在土壤中的转化和迁移特征综合确定，比如氮肥容易通过大气挥发、随水淋失等途径损失，提倡分次施用。在实际生产中，肥料的分配时期还可以适当兼顾农户的施肥习惯。

氮肥施用时期参考产区农户施肥习惯，可以采用40％基肥＋20％立叶肥＋40％坐藕肥，或者60％出叶肥＋20％立叶肥＋20％坐藕肥两种分配方案；磷肥、硼肥和锌肥全部基施，但注意锌肥和磷肥不宜混合，以免降低肥效；土壤质地较黏重的藕田，钾肥采用70％基肥（或出叶肥）＋30％坐藕肥的分配方式，土壤质地较轻的藕田，钾肥采用50％基肥（或出叶肥）＋20％立叶肥＋30％坐藕肥的分配方式。对于青荷藕种植模式，基肥比例要适当加大，追肥的时期要适当提前。

在施肥的具体时间上，还应关注当地的天气变化情况，避免在施肥后一周内出现大的降雨，防止肥料养分随水流失造成浪费，并引起环境污染。

（4）适宜的施肥方法　施基肥时，在种藕前一天将肥料充分混合，均匀撒施于田面，然后耙耘田面，深度7～10厘米，让肥料与土壤充分混合，使“肥肥土、土肥苗”；追肥前应将水放浅，最好结合除草进行，先除草后施肥，施肥1～2天后将水位恢复到所需要的深度。在深水藕田中，肥料养分容易流失，宜重施厩肥或青草绿肥，并埋入泥中；追施化学肥料时，先将化肥与湖泥充分混合，制成肥泥团，再施入藕田。

（5）有机肥料替代部分化学肥料技术　大力提倡因地制宜施用有机肥料，减少化学肥料的使用量。根据各个产区有机肥源具体现状制定有机肥料替代部分化学肥料技术方案，具体做法是：每亩施腐熟农家肥（厩肥、堆肥、人畜粪便、冬季绿肥春耕翻压等）1 500～2 000千克，或者施商品有机肥（饼肥等）400～500千克，也可施鸡鸭粪肥500～600千克，化学氮肥、磷肥可分别减少15%左右，化学钾肥可减少20%～30%，硼、锌微量元素肥料减半或者不施。比如，收获枯荷藕的中高产量（亩产1 500～2 000千克）的藕田，不施有机肥料条件下，全生育期化学肥料总需要量大约为：45%（15—15—15）的复混肥40千克、尿素40千克、氯化钾15千克、持力硼400克、大粒锌400克。如果每亩施腐熟农家肥2 000千克，全生育期化学肥料总需要量可减少45%（15—15—15）的复混肥35千克、尿素35千克、氯化钾12千克，硼、锌肥料减半。藕田常用有机肥料品种及主要养分的大致含量见表2。

表2 藕田常用有机肥料品种及主要养分的大致含量

肥料名称	氮（N）	磷（P_2O_5）	钾（K_2O）	有机质
厩肥	0.5%	0.2%～0.3%	0.6%	25%
堆肥	0.5%	0.2%～0.3%	0.4%～2.7%	5%
绿肥	0.5%	0.1%～0.2%	0.2%～0.5%	17%～18%
秸秆	0.5%	0.2%～0.3%	1.5%～3%	—
人畜粪便	0.3%～1.7%	0.3%～1.7%	0.1%～0.5%	0.2%～2%
饼肥	2%～7%	0.4%～1.6%	1%～2%	—
鸡鸭粪	1.1%～1.6%	1.4%～1.5%	0.6%～0.9%	25%

注：有机肥中养分含量均以干基计量。

（6）化学肥料用量计算举例　一块藕田为2 000米^2，产量水平中等（亩产1 400～1 800千克），莲藕全生育期每亩推荐施用纯氮（N）24千克、纯磷（P_2O_5）6千克、纯钾（K_2O）15千克，并补充硼肥和锌肥。其中氮肥分配为40%基肥＋20%立叶肥＋40%坐藕肥，钾肥分配为70%基肥＋30%坐藕肥，磷肥全部基施。现在计划使用氮磷钾总含量为45%（15—15—15）的复混肥、尿素（含氮46%）和氯化钾（含纯钾60%），计算藕田各个时期氮、磷、钾肥的用量。

计算过程：

氮、磷、钾肥用量中，磷肥的用量最低，因此先计算以磷为基础的复混肥用量，并全部作基肥：

复混肥用量＝每亩推荐施磷量×面积÷复混肥含磷量
＝6×3÷15%＝120（千克）

尿素总用量＝（每亩推荐施氮量×面积－复混肥中的氮量）÷尿素含氮量
＝（24×3－18）÷46%
＝117.4（千克）

尿素基肥量＝（每亩推荐施氮量×面积×基肥比例－复混肥中的氮量）÷尿素含氮量

＝（24×3×40％－18）÷46％

＝23.5（千克）

尿素立叶肥量＝每亩推荐施氮量×面积×立叶肥比例÷尿素含氮量

＝24×3×20％÷46％

＝31.3（千克）

尿素坐藕肥量＝每亩推荐施氮量×面积×坐藕肥比例÷尿素含氮量

＝24×3×40％÷46％

＝62.6（千克）

（用差减法计算也得到同样结果）

氯化钾总用量＝（每亩推荐施钾量×面积－复混肥中钾量）÷氯化钾含钾量

＝（15×3－18）÷60％

＝45（千克）

氯化钾基肥量＝（每亩推荐施钾量×面积×基肥比例－复混肥中钾量）÷氯化钾含钾量

＝（15×3×70％－18）÷60％

＝22.5（千克）

氯化钾坐藕肥量＝每亩推荐施钾量×面积×坐藕肥比例÷氯化钾含钾量

＝15×3×30％÷60％

＝22.5（千克）

（用差减法计算也得到同样结果：45－22.5＝22.5）

计算结果：

2 000米^2 藕田各个时期基肥和追肥的用量分别是：

基肥：复混肥 120 千克，尿素 23.5 千克，氯化钾 22.5 千克；

立叶肥：尿素 31.3 千克；

坐藕肥：尿素 62.6 千克，氯化钾 22.5 千克。

第四讲 莲藕良种繁育

一、莲的繁殖方法

（一）实生苗繁殖

用莲的种子培育成的苗即为实生苗，用实生苗进行的繁殖即为有性繁殖。由于莲子外披一层坚硬的果壳，要将果壳凹入的一端敲破，然后浸泡在 26～30 ℃水中催芽。浸种催芽的过程中要经常换水，待长出四叶一鞭后，便可定植大田。实生苗前期生长较慢，当年形成的商品藕较小。为了在当年结成有商品价值的藕，必须提前一个月在保护地育苗。但由于莲是杂合体，株间整齐度较差，该繁殖方法多在育种中加以应用，实际生产中较少利用。

（二）藕的休眠习性

莲肥大的根状茎既是繁殖器官又是休眠器

官，肥大的根状茎具有许多休眠的顶芽和腋芽。藕在完全成熟后即进入休眠，在武汉地区一般从9月下旬到第二年3月下旬。在休眠期间，即使在适宜温度下，这些休眠的顶芽和腋芽也不会萌发。

（三）藕的繁殖

莲主藕、子藕及孙藕的第一节上着生的芽称为顶芽，在藕节处一些腋芽已萌发成为子藕或孙藕，而未形成子藕、孙藕的节部都有一个休眠的腋芽，不管是顶芽还是腋芽在莲藕生长季节都会萌动生长。因此，一支完整的藕上一般会有10多个芽同时向不同方向生长。藕的节数不同芽数也不同，如主藕3节，则有3个顶芽、2个腋芽，总芽数5个；主藕4节，则有5个顶芽、3个腋芽，总芽数8个；主藕5节，则有8个顶芽、5个腋芽，总芽数13个；主藕6节，则有13个顶芽、8个腋芽，总芽数21个。切下任何一个部位的芽都具有繁殖能力。

1. 顶芽繁殖

即用主藕或子藕顶端的芽连同基节切下进行繁殖。将带节切下的顶芽，芽头向上，藕节向下，按10厘米×10厘米株行距插入育苗田的泥中，在3月底4月初温度较低时，可以用薄膜覆盖育苗，7～10天后，藕节处会长出不定根，待顶芽长出3～4片浮叶，外界气温又已稳定在15℃以上时，方可定植大田。定植时按1.5米×1.5米株行距进行，将不定根及莲鞭均匀埋入泥中，浮叶露出水面，定植时须浅水3～5厘米，前期要特别注意排水，以防淹苗而导致死亡。

用顶芽繁殖在生产上的优点是可以节约藕种，但缺点是育苗费工费时；生育期延长（早熟藕不能用此方法）；对管理要求严格，如管理不当，当年长出的藕较小，产量较低。

2. 藕头繁殖

将主藕和子藕的第一节连同顶芽一起切下进行繁殖。由于带有一节营养体，不需育苗即可定植大田，按1.5米×1.5米株行距进行种植，注意定植时藕头要固定在泥内，以防漂浮。

藕头种植用种量也较少，但切下藕头后影响了主藕的商品性，且每亩所需的藕头量较多。

3. 藕节繁殖

将没有长出子藕或孙藕的主藕、子藕的藕节

切下，利用腋芽进行繁殖（有些人将所有的藕节都切下，认为其中都存在腋芽，其实是不对的，因为多数腋芽在头年已经生长成为子藕或孙藕）。用藕节繁殖也要像顶芽繁殖那样进行育苗和移栽。

藕节繁殖看似用种量较少，但实际上操作起来很难，一是因为每支藕上没有萌发腋芽的藕节较少；二是严重破坏了藕的商品性。

4. 主藕繁殖

去掉单支藕上所有的子藕孙藕，仅用主藕进行繁殖。因这种繁殖方法仅主藕上一个顶芽一个腋芽，为保证单位面积的芽数，需要大量主藕，而主藕是商品藕的主要部分，因此该方法太浪费藕种。

5. 整藕繁殖

这是目前生产上应用最广的一种繁殖方法，即采用整支莲藕作种定植。整藕繁殖既保证了单位面积的芽数，又使每个芽的生长都可以利用母体的营养，因而生长健壮。具体方法是按一定株行距排列（因品种而异），在每一位置上先挖一穴将所有的顶芽都斜埋入泥中，尾梢向上露出泥面。

该方法缺点：①平均每亩用藕200～300千克，不节约藕种；②不便于藕种的长途运输和推广；③繁殖系数低，仅为1∶10。

6. 子藕繁殖

将主藕上的子藕带孙藕一起掰下进行繁殖，主藕作为商品藕上市。子藕、孙藕的重量仅占整藕重量的30%～35%，但芽数却占75%～90%，且子藕较轻，便于栽种和运输。因其母体营养可供其前期生长，故其前期生长与整藕繁殖并无区别。子藕繁殖种植方法与整藕繁殖方法相同，可在同一穴内栽种两支子藕，顶芽朝向不同方向，只要保证单位面积内的芽头数，产量和藕的商品性不受影响。

子藕繁殖虽然在一些地区应用，但目前面积尚不大，可加强推广应用。

但子藕繁殖与其他五种繁殖方法一样，无法解决母体带病原菌的问题。

以上介绍的繁殖方法在藕莲、子莲、花莲上都可根据实际情况加以应用，但子莲、花莲的藕不存在节约藕种的问题，因此可直接用整藕或子藕繁殖，而藕莲在这几种繁殖方法中，最有应用潜力的是子藕繁殖，它可能会取代传统的整藕繁殖。而其他的繁殖方法由于自身存在的缺陷，在生产上难以大面积推广应用。

7. 莲鞭扦插

待田间莲藕上的芽伸出莲鞭，长出分枝后，将带有顶芽的两节莲鞭上保持两片叶子，完整挖起移栽于大田中，栽时芽头及莲鞭均浅埋泥中，但荷叶要露出水面。

（四）微型藕繁殖

通过快繁技术，在试管内诱导形成试管藕，育苗后直接定植到大田进行繁殖。也可先用试管藕在保护地内水培繁殖成0.25千克重的微型藕，再用微型藕定植大田。该繁殖方法可用于繁殖无毒苗。目前该方法已在生产上繁殖莲藕的原种，因为长途运输方便，藕种不受损坏，受到各地引种客户的欢迎。

二、莲的良种繁育

莲藕良种繁育有常规繁育技术和微型种藕繁育技术两种。莲藕常规良种繁育程序分为原原种、原种和良种三个阶段，由原原种生产原种，由原种繁殖良种。原原种是由育种单位提供的纯度最高、最原始的优良种苗，莲藕原原种的纯度要求达99%；由原原种直接繁殖出来的原种要求纯度达97%以上；良种是由原种繁殖而来，或由生产种经过选择达到一定纯度的种苗，良种的纯度应达到95%以上。

微型种藕是通过试管苗（藕）在田间繁殖后，形成0.25千克左右重的小藕直接应用于生产，具有体积小、不带病、便于运输等特点。

（一）常规良繁技术

1. 品种混杂的原因

莲藕是无性繁殖作物，育成的品种具有一致性和稳定性，但莲藕在繁殖过程中依然会出现混杂，其原因如下：

（1）机械混杂　莲藕在种植、采收、运输等农事操作过程中由于人为因素造成的品种之间的混杂。

（2）生物学混杂　莲藕是异花授粉作物，不管是藕莲还是子莲，都具一定开花结实能力，其成熟的种子在田间可以成活多年，条件适宜时萌发，这些种子萌发长出的植株会造成品种混杂。

2. 良种繁育程序

莲藕良种繁育工作是为生产者持续提供优良种苗的重要保障。技术上主要应做好两方面工作，一是建立完善的良种繁育体系，二是做好选择和隔离工作。

原原种繁殖基地要求由育种单位建立，管理工作由育种者负责；原种的繁育可在育种者指导下，在隔离条件较好的地方，让当地农业部门指派具有一定莲藕良繁经验的技术人员负责实施，或由育种单位直接负责；良种基地的生产管理由产区的农技部门负责实施，由育种单位派技术人员指导。

3. 良繁基地的田间管理

（1）基地隔离要求　莲藕良种繁育的田块一定要排灌方便，没有发生过莲藕腐败病。原原种田要采用水泥墙隔离，隔离墙深 0.5～0.8 米，每块田大小不超过 5 亩。原种和生产用种繁殖要求田块之间莲鞭不能相互穿插生长，因此田埂用水泥墙隔开或土埂要间隔 3 米以上。同一田块连续几年用作繁种时，只能繁殖同一品种。若需更换品种，则必须旱作或种植其他水生作物两年以上。

（2）田间种植与栽培管理　3月下旬至4月中旬挖取良繁田内的种藕，清除残存老茎叶；翻耕土壤，整平，同时施入基肥，基肥以农家肥为主；水位保持在3～5厘米；选择具本品种特征特性的种藕，按每公顷用种量3 750千克进行定植。子莲按每公顷用种量1 800～2 250支定植。

4月下旬至5月中旬，待植株长出1～2片立叶后，追肥一次；水位保持在5～10厘米；注意防治莲缢管蚜。

5月下旬至7月下旬，植株进入开花结实期，果实应在成熟前摘除，以防其成熟后落入良繁田内引起生物学混杂；水位加深至10～15厘米；注意防治莲藕叶斑病、斜纹夜蛾等病虫害。

8月上旬至9月下旬，注意防治病虫害；摘除花果（莲蓬）；水位逐渐降低到5～10厘米。

10月上旬至翌年3月中旬，莲进入休眠期，田间应保持水位5厘米左右。

（3）保纯技术　在采挖和定植阶段，特别注意防止种藕芽头脱落至其他品种的繁殖田内。生长期内应将花色、花型、叶形、叶色等性状与所繁品种有异的植株挖除。进入花期后，宜 10～15 天巡查一遍，去杂并及时摘除花蕾和莲蓬。进入枯荷期后，对于田块内仍保持绿色的个别植株应予以挖除。种藕采挖时，应对藕皮色、芽色、藕头与藕节间形状等与所繁品种有异的藕枝及感病藕枝予以剔除。子莲应在花果期对花色、果实大小、果实形状、内外果皮颜色等性状进行调查核实，剔除混杂株。

（4）良繁种藕选留　①原原种繁种田。从原原种田中选留，逐支选择，要求具品种典型特征，不带病。单支在 33.3 米^2 水泥池中繁殖或混合种植于大田。②原种繁种田。原原种田中生产的种藕，用作繁殖原种。③良种繁种田。从原种田内选留种藕或由生产上正在推广应用的品种经过选择后达到一定纯度指标的种苗。

4. 良繁种藕的贮运

种藕贮运时，同一品种应单独贮藏、包装和运输，并做好标记，注明品种名称、繁殖地、供种者、采挖日期、数量及种藕级别等。

（二）微型种藕繁育技术

微型种藕的质量应符合以下各项要求：品种

纯度不低于99%，单支质量0.2～0.4千克，无明显机械伤，顶芽完好，无病虫危害。

1. 定植前的准备

（1）场地要求　要求水源充足、地势平坦、土地整平，无莲藕腐败病和食根金花虫等病虫害发生。在微型藕培养容器摆放前7～10天清除田间残茬和杂草。

（2）容器摆放　容器直径宜30厘米，深20厘米，填泥深17厘米，每摆放4行容器留1条操作行，操作行宽50厘米。

（3）定植　应在日平均气温稳定在13℃以上时定植，每个容器1支试管藕（苗）或微型藕顶芽或原原种顶芽，定植深度2～3厘米。

2. 田间管理

（1）水位管理　立叶长出前，水深控制在3厘米内；立叶长出后水位可逐渐加深，但不宜超过10厘米，越冬期间水深5～10厘米。

（2）补苗　在单株立叶数3～4片时，从长势较旺植株上摘取侧枝，补栽于缺苗容器中。补苗用侧枝宜带一片浮叶和一片未展立叶，且顶芽完好。

（3）追肥　在2～3片立叶时，每亩施复合肥25千克或尿素15千克；5～6片立叶时，每亩施尿素15千克和硫酸钾10千克。

（4）除草　定植前结合整地和容器填泥土清除杂草，生育期内及时人工除草。

（5）病虫害防治　注意防治莲缢管蚜、莲斜纹夜蛾、莲叶斑病等。莲缢管蚜宜用黄板诱杀有翅成虫，或用3%啶虫脒乳油1 500倍液、70%吡虫啉水分散粒剂10 000倍液喷雾防治。莲斜纹夜蛾宜每2～3公顷设置1台杀虫灯，或每亩设置2个性引诱器，诱杀成虫；人工摘除卵块或捕杀幼虫；也可用16 000国际单位/毫克Bt可湿性粉剂1 500倍液，或用5%定虫隆乳油1 500倍液喷雾防治。莲叶斑病宜在发病初期用50%多菌灵可湿性粉剂或25%丙环唑乳油、250克/升嘧菌酯悬浮剂1 000倍液喷雾防治。

3. 防止混杂

应在全生育期随时注意清除杂株。生长期根据叶表面光滑度、叶色、叶形、花色等性状，将与所繁品种有异的植株挖除；枯荷期挖除田块内仍保持绿色的个别植株；种藕采收时，观察藕皮色、芽色、藕头与藕节间形状等性状，将与所繁品种有异的种藕予以剔除。

4. 采收

在第二年莲藕定植期（武汉地区3月至4月上旬）采收微型种藕，采后洗除藕上泥土，去除残留根须、叶柄等，切除过长梢段。

5. 微型种藕的质量要求

商品微型种藕的质量应符合以下各项要求：品种纯度不低于99%；单支质量0.1～0.4千克；单支顶芽数量不少于1个，完整节间数量不少于2个；外观无明显机械伤，顶芽完好；无病虫危害；感官新鲜，无萎蔫，无腐烂；萌芽率不低于90%。

6. 微型种藕的包装与贮运

微型种藕采挖后，宜在当天包装。包装前用50%多菌灵可湿性粉剂600倍液浸泡1分钟后沥干。不同品种、不同批次的微型种藕应分开包装。包装材料应防潮、通气、防挤压。同一包装箱内的数量以支数计。每件包装上应做好标记，注明品种名称、产地、数量、采挖日期等。贮藏和运输过程中应防冻、防晒、防鼠、防雨淋、防挤压，且通风良好。

第五讲
莲品种介绍

一、藕莲新品种

1. 鄂莲1号

武汉市蔬菜科学研究所由上海地方品种系统选育而成。早熟。株高130厘米，叶片直径60厘米，开少量白花。藕入泥深15～20厘米，主藕6～7节，长90～110厘米，主节粗6.5～7.0厘米，整藕重3～3.5千克，皮色黄白。长江中下游地区4月上旬定植，7月上中旬每亩可收青荷藕1 000千克，或8月下旬后收枯荷藕2 000～2 500千克。宜炒食。

2. 鄂莲5号（3735）

武汉市蔬菜科学研究所杂交选育而成。早中熟。株高160～180厘米，叶片直径75～80厘米，花白色。主藕5～6节，长80～100厘米，主节粗 7～8 厘米，整藕重 3～4 千克，藕肉厚实，通气孔小，表皮黄白色。入泥 30 厘米。长江中下游地区 4 月上旬定植，7 月中下旬每亩产青荷藕 500～800 千克，或 8 月下旬后产枯荷藕 2 500 千克。抗逆性强，稳产。炒食及煨汤风味均佳。

3. 鄂莲 6 号（0312）

武汉市蔬菜科学研究所杂交选育而成。早中熟。株高 160～180 厘米，叶片直径 80 厘米左右，花白色。主藕 6～7 节，长 90～110 厘米，主节粗 8 厘米左右，整藕重 3.5～4.0 千克，藕节间为筒形，节间均匀，表皮黄白色。枯荷藕每亩产量 2 500～3 000千克。凉拌、炒食皆宜。

4. 鄂莲 7 号（珍珠藕）

武汉市蔬菜科学研究所通过鄂莲 5 号的自交后代选育而成。早熟。植株矮小，株高 110～130 厘米，叶片直径 70 厘米左右，花白色。主藕 6～7 节，藕节间为短圆筒形，主节间长 10 厘米左右，主节粗 8 厘米左右，节间均匀，藕肉厚实，表皮黄白色。整藕重 2.5 千克左右，商品性好。7 月上中旬即可采收青荷藕，一般每亩产量

1 000千克左右，或8月下旬后收枯荷藕2 000千克左右。凉拌、炒食、煨汤皆宜。

5. 鄂莲8号（0313）

武汉市蔬菜科学研究所从杂交莲子后代选育而成。晚熟。植株高大，生长势强，株高180～200厘米，叶片直径80～85厘米，花白色，较多。主藕5～6节，主藕长90～100厘米，主节粗8.0～8.5厘米，整藕重3.0～4.0千克，节间均匀，表皮白色。枯荷藕每亩产量2 500千克左右。粉质，适合煨汤。藕带产量高，粗、白、脆嫩。

6. 鄂莲9号（巨无霸）

武汉市蔬菜科学研究所通过杂交育成。早中熟。藕粗大，株高160～170厘米，叶片直径80厘米左右，花白色。主藕5～7节，长90～110厘米，主节粗8.5厘米左右，整藕重4.5～5.0千克，藕节间均匀，表皮黄白色。枯荷藕每亩产量2 500～3 000千克。凉拌、炒食、煨汤皆宜。

7. 鄂莲10号（赛珍珠）

武汉市蔬菜科学研究所通过杂交育成。早熟品种。植株矮小，叶片表面粗糙，平展。叶柄高130厘米左右，叶片直径76厘米左右。花白色。单支整藕重3.5千克，主藕一般5～7节，藕节间形状为中短筒形，主节长度12厘米，粗度8厘米，节间均匀，表皮较白，商品性好。7月上中旬即可采收青荷藕，一般每亩产量1 000千克左右，8月下旬后收枯荷藕2 100千克左右。凉拌、炒食皆宜。

8. 武植2号

中国科学院武汉植物研究所从江苏地方品种“慢荷”的无性系优良单株选育而成。主藕5～6节，藕节长筒形，皮黄白色，花白色。适宜浅水田栽培，早中熟，亩产量2 000～2 500千克。粉质，适合煨汤。

9. 东河早藕

浙江省义乌市东河田藕专业合作社、浙江省金华市农业科学研究院等单位共同选育，以金华白莲早熟优良单株为原始材料系统选育而成。特早熟，一年两熟。株高约110厘米，叶片直径约67厘米，花色白爪红。青荷藕子藕少，主藕长约51厘米，2～3节，长筒形，表皮白而光滑，肉质甜脆，适宜炒食或生食，6月上中旬采挖，每亩产量 750～1 000千克。枯荷藕子藕 1～2 支，主藕长 62 厘米左右，3～4 节，长筒形，皮色淡黄色，粉质，适宜炒食或煨汤。9 月中下旬以后采挖，每亩产量2 000～2 100 千克。

二、藕带新品种

0026 莲藕

武汉市蔬菜科学研究所通过杂交育成。晚熟。株高 170 厘米左右，叶柄较粗，叶片直径 76 厘米左右，花白色。主藕 4～5 节，主节长度 12.8 厘米，粗度 7.8 厘米，节间中筒形、较均匀，表皮白色。单支整藕重 1.9 千克，主藕重 1.5 千克，子藕粗大，商品性好。枯荷藕每亩产量2 000～2 200 千克。粉质，适合煨汤。若采收藕带，每亩产量可达到 400～500 千克。

三、子莲新品种

1. 太空莲 36 号

江西省广昌县白莲科学研究所通过卫星诱变

培育的子莲新品种。株高 170～180 厘米，花柄高出叶柄约 20 厘米，花单瓣，红色，心皮数18～32 个，莲蓬大且蓬面微凹，结实率 85%左右。鲜莲子表皮绿色，单粒重 3.6 克，长 2.2 厘米，宽 1.8 厘米。完熟莲子卵圆形，壳莲百粒重 172 克。花期 6 月上旬至 9 月下旬，每亩有效蓬数6 000个，产鲜莲蓬 500 千克，或铁莲子 190 千克，或干通心莲 80 千克左右。鲜食脆甜，亦可采收壳莲。

2. 太空莲 3 号

江西省广昌县白莲科学研究所通过卫星诱变培育的子莲新品种。株高 180～190 厘米，花柄高出叶柄约 15 厘米，花单瓣，红色，心皮数18～26 个。蓬面平，着粒较疏，结实率 89.3%。鲜莲子表皮绿色，单粒重 3.5 克，长 2.2 厘米，宽 1.8 厘米。完熟莲子卵圆形，壳莲百粒重 167 克。花期 6 月上旬至 9 月上中旬，每亩有效蓬数 4 800个，产鲜莲蓬 450 千克，或铁莲子 160 千克，或干通心莲 75～80 千克。鲜食脆甜，亦可采收壳莲。

3. 建选 17 号

福建省建宁县莲子科学研究所选育的子莲新

品种。株高 155～165 厘米，花柄高出叶柄约 30 厘米，花单瓣，白色红尖，莲蓬扁圆形，心皮数 24～35 个，结实率 72.9%。鲜莲子表皮黄绿色，单粒重 3.8 克，长 2.3 厘米，宽 1.9 厘米。完熟莲子长卵圆形，壳莲百粒重 180 克，花期 6 月上旬至 9 月下旬，每亩有效蓬数 4 500 个，产鲜莲蓬 490 千克，或铁莲子 185 千克，或干通心莲 75～85 千克。可做通心莲、采收壳莲。

4. 建选 35 号

福建省建宁县莲子科学研究所选育的子莲新品种。株高 155～165 厘米，花柄高出叶柄约30 厘米，花单瓣，红色，莲蓬扁圆形，心皮数 26～37 个，结实率 76.3%，鲜莲子表皮黄绿色，单粒重 4.2 克，长 2.4 厘米，宽 1.9 厘米。完熟莲子卵圆形，壳莲百粒重 185 克，花期 6 月上旬至 9 月中下旬，每亩有效蓬数 4 500 个，产鲜莲蓬 515 千克，或铁莲子 190 千克，或干通心莲 80～90 千克。可做通心莲、采收壳莲。

5. 建选 31 号

福建省建宁县莲子科学研究所选育的子莲新

品种。株高 160～170 厘米，花柄高出叶柄约 30 厘米，花单瓣，白色红尖，莲蓬扁圆形，心皮数 28～41 个，结实率 67.8%，鲜莲子表皮黄绿色，单粒重 4.4 克。花期 6 月上旬至 9 月中下旬，每亩有效蓬数 4 500 个，产鲜莲蓬 525 千克，或铁莲子 195 千克，或干通心莲 90～95 千克。可做通心莲、采收壳莲。

6. 鄂子莲 1 号（满天星）

武汉市蔬菜科学研究所选育的子莲新品种。株高 160～170 厘米，花柄高出叶柄约 20 厘米，花单瓣，粉红色，莲蓬扁平，着粒较密，心皮数 27～46 个，结实率 77.1%。鲜莲子表皮绿色，单粒重 4.2 克，长 2.4 厘米，宽 1.9 厘米。完熟莲子钟形，壳莲百粒重 183 克，花期 6 月上旬至 9 月中下旬，每亩有效蓬数 4 500 个左右，产鲜莲蓬 540 千克，或铁莲子 200 千克，或干通心莲 90～100 千克。鲜食脆甜，亦可做通心莲、采收壳莲。

7. 湘莲 1 号

湖南省蔬菜研究所通过杂交选育而成。株高 156 厘米，花单瓣，粉红色，莲蓬倒圆锥形，单蓬心皮数平均 24 个，结实率 78.5%。鲜莲子表皮黄色，单粒重 2.4 克，长 2.1 厘米，宽 1.5 厘米。完熟莲子圆球形，壳莲百粒重 150 克。花期 6 月上旬至 9 月上中旬，每亩有效蓬数 4 100 个，产铁莲子 150 千克。

第六讲 莲露地栽培

一、子莲栽培

（一）品种选择

选用通过省级农作物品种审（认）定的品种或优良地方品种，如作为鲜食用可选择太空3号、太空36号、满天星等；如作为加工用可选择建选17号、建选35号、建选31号、满天星等。

（二）整地施肥

基本条件：地平、泥活、草净、土肥、水足。

具体要求：水源充足、地势平坦、排灌便利；能常年保持10～30厘米水层；大田定植前15天左右整地；耕翻深度25～30厘米；清除杂草，泥面平整，泥层松软。子莲田要重施基肥，每亩施腐熟厩肥2 000～2 500千克，另外加施尿素8～10千克、过磷酸钙40千克、氯化钾6～8千克；或者每亩施腐熟饼肥50千克、45%（15—15—15）的复混肥35千克及尿素10千克。如果不施有机肥料，则每亩另增施1千克硼砂、2千克一水硫酸锌，隔年施一次。子莲第一年种植田块，每亩宜施生石灰75～100千克。子莲连作栽培不宜超过三年。子莲放种前半个月用除草剂。

（三）种苗准备

子莲种藕纯度应不低于95%，单个藕支顶芽个数应不少于1个、节间的个数不少于2个，节的个数应不少于3个，并且未受病虫害危害，藕芽和节间完整，新鲜具有活力。宜每亩用种120～150支，在种藕采挖后10天内定植大田，定植前用50%多菌灵可湿性粉剂800～1 000倍液浸泡1分钟消毒。

（四）大田定植

子莲应在日平均气温达13 ℃以上时开始定植，长江中下游地区定植时期为3月下旬至4月中旬。定植密度为行距2.5米、穴距2.2米，每穴排放种藕1支，定植穴在相邻行间呈三角形相间排列。种藕藕支宜按10°～20°角度斜插入泥，藕头入泥5～10厘米，藕梢翘露泥面。将田块四周边行内的种藕藕头全部朝向田块内，田内定植行分别从两边相对排放，至中间两条对行间的距离加大至3～4米。定植期水深宜5～10厘米。

（五）大田管理

1. 追肥

定植后25～30天即有3～5片立叶时施第一次追肥，每亩施尿素8～10千克；定植后55～60天即封行前施第二次追肥，每亩施尿素8～10千克、氯化钾6～8千克；进入采收期后，最早6月中旬每15天追肥一次，每次每亩施尿素3～5千克。在8月上中旬补施一次磷酸一铵，每亩用量约3千克，有利于增加子莲后期产量。追肥时，对于溅落于叶片上的肥料，应及时用水浇泼冲洗干净以免伤叶。

2. 水层调节

水层调节原则上为“浅—深—浅”，即前期浅、后期深、冬季保水，切记整个生长期不可缺水。定植期至萌芽阶段水深为5～10厘米，开始抽生立叶至封行前为 10 厘米，封行后 10～20 厘米，越冬期间 5～10 厘米。

3. 疏苗

子莲最好是每年种植。而生产实际情况为种植一年，采收三年，所以应从第二年开始进行早期疏苗。方法是于 6 月中旬前按照预设行密度间隔采收藕带；或于 6 月上旬前按照预设行株距留苗，割除多余荷梗。

4. 去杂

子莲种植过程中，对于混杂的种藕、植株、遗落田间的莲子及其实生苗等，应及时清除。种藕采挖和定植期间，根据种藕形状、颜色、大小、藕头形状、顶芽颜色等，剔除混杂藕、梗和柄；开花结子期，根据莲蓬和莲子的形状、大小、颜色及品质等，人工拔除杂株，或用 10% 草甘膦（农达）水剂 5～10 倍液注射杂株荷梗和花柄，杀灭杂株；任何时候对于遗落田间的枯老莲蓬、莲子及莲子实生苗等，均应及时人工清除。

5. 保叶摘叶

在子莲封行时摘除部分枯黄的无花立叶，生长进入盛花期分 1～2 次摘除无花立叶，包括死蕾的立叶；采摘时，每采摘一个莲蓬，随手摘除同一节上的荷叶，直到 8 月下旬为止。但分布稀疏的荷叶不要摘除。9 月以后应保持绿叶，以促进籽粒饱满和新藕形成。

6. 养蜂

子莲田养蜂可使传粉昆虫数量增加，提高子莲结实率，单产可提高 15%～20%。子莲宜于花期放蜂，每 2～3 公顷设置一个蜂箱。放蜂时，子莲田及周围谨慎喷药，以防止农药使用对蜂群的影响。

（六）采收

子莲每亩产鲜莲蓬 4 000～5 000 个（约 500 千克），或鲜食莲子 350 千克，或通心莲 75～100 千克，或壳莲（铁莲子）150 千克，第二年以后还可采收藕带 100～150 千克。

福建和江西子莲产品是通心莲，浙江子莲产品是通心莲和磨皮莲，湖南和湖北子莲产品则是磨皮莲，武汉子莲产品是鲜莲和磨皮莲。如以鲜食和通心莲为目的，7～8 月期间宜隔日采收一次，即每两天采摘一次，其他时期每三天采收一次。如以壳莲为目的，一般采收 6～8 次。

如以鲜食为目的，于青绿子期采收，一般于销售当日的早晨或前一天下午5时之后采收。要求莲子饱满、脆嫩、有甜味。以加工通心莲为目的，于紫褐子期采收。加工多为人工。采收后去莲壳（果皮）和种皮，捅去莲心（胚芽），洗净沥干之后烘干（宜先置80～90℃下烘至莲子发软，后置60℃下烘干至含水量不高于11%）。以采收壳莲为目的，宜于黑褐子期采收，采收后露晒5～7天。莲壳、种皮及莲心均可采用机械去除。

二、藕莲栽培

（一）常规田栽培

1. 品种选择

选用通过省级农作物品种审（认）定的品种或优良地方品种，如武汉市蔬菜科学研究所选育的鄂莲系列莲藕品种鄂莲5号、6号、7号、8号、9号等。

2. 整地施肥

浅水藕多为水田栽培，宜选择水位稳定、土壤肥沃的水田种植。中等肥力田块，每亩施腐熟农家肥（厩肥、堆肥、绿肥翻压还田等）2 000千克，45%（15—15—15）的复混肥 35 千克，尿素 10 千克，氯化钾 6 千克。化学肥料宜在定植前 1～2 天施入，施肥后耙平泥面，深度 10 厘米，使肥料与土壤充分接触。第一年种植的田块，每亩再施新鲜生石灰 75～100 千克，以后每 2～3 年施一次。

3. 种藕准备

种藕纯度应不低于 90%，单个藕支顶芽个数应不少于 1 个、节间的个数不少于 2 个，节的个数应不少于 3 个，并且未受病虫害危害，藕芽和节间完整、新鲜具有活力。早熟品种每亩用种量 300～350 千克，中晚熟品种用种量 200～300 千克。

4. 大田定植

在当地平均气温上升到 15 ℃以上时定植。在长江中下游地区一般在 4 月上旬，华南、西南相应提前 15～20 天，华北地区相应延后 15～20 天。浅水田栽种密度因品种、肥力条件而定。一般早熟品种密度要大，晚熟品种密度要稀；瘦田稍密，肥田稍稀。株行距一般200厘米×200厘米或150厘米×200厘米。定植方法：先将藕种按一定株行距摆放在田间，行与行之间各株交错摆放，四周芽头向内；其余各行也顺向一边，中间可空留一行；田间芽头应走向均匀；栽种时将种藕前部斜插泥中，尾梢露出水面；种藕随挖随栽。

5. 大田管理

（1）水层调节　水层管理应按前期浅、中期深、后期浅的原则加以控制。生长前期保持5～10厘米的浅水，有利于水温、土温升高，促进萌芽生长。生长中期（6～8月）加深水层至10～20厘米，到枯荷后，水层下降至10厘米左右。冬季藕田内不宜干水，应保持一定深度的水层，防止莲藕受冻。

（2）追肥　施足基肥的藕田，定植后第35～40天（3片左右立叶时）、第65～70天（基本封行时）分别施第一次、第二次追肥。第一次追肥每亩施尿素10～12千克，第二次追肥每亩施尿素12～15千克、氯化钾7～10千克。施追肥前，应先将田面水放浅，最好结合除草进行，先除草后施肥，施肥 1～2 天后还水至所需要的深度；追肥时，对于溅落于叶片上的肥料，应及时用水浇泼冲洗干净，以免伤叶。

（3）除草　于定植前结合整地清除杂草，在封行前应随时拔除田间杂草。

（4）转藕头　为了使莲鞭在田间分布均匀，或防止莲鞭穿越田埂。应随时将生长较密地方的莲鞭移植到较稀处，也应随时将田梗周围的莲鞭转向田内生长。莲鞭较嫩，操作时应特别小心，以免折断。

（5）摘花打莲蓬　藕莲的多数品种都开花结实。在其生长期内将花蕾和莲蓬摘除，以利营养向地下部位转移，也可防止莲子老熟后落入田内发芽，造成藕种混杂。

6. 采收

青荷藕一般在 7 月采收。采收青荷藕的品种多为早熟品种，入泥较浅。在采收青荷藕前一周先割去荷梗，以减少藕锈。叶片开始枯黄时可采收老熟枯荷藕，枯荷藕在秋冬至第二年春季皆可挖取。枯荷藕采收有两种方式：一是全田挖完，留下一小块作第二年的藕种；二是抽行挖取，挖取四分之三的面积，留下四分之一不挖，留在原地作种。留种行应间隔均匀。原地留种时，翌年结藕早，早熟品种在6月即可采收青荷藕。采收时应保持藕支完整，无明显伤痕。

（二）鱼塘栽培

鱼塘种藕与浅水田种藕相似，由于鱼塘有机质丰富、淤泥层厚，更利于莲藕的生长。鱼塘中长出的藕比田中长出的藕更肥大。但塘栽莲藕比田栽莲藕晚熟10～15天。

1. 鱼塘选择

选择养鱼三年以上的鱼塘，塘底部较平，而不是呈较深的锅底状。

2. 定植

长江中下游地区定植时间在3月下旬或4月上旬，用种量及种植密度同田藕一样。定植时塘内水层要在15厘米以下，以利藕早发。

3. 除草

在莲藕生长封行前应随时拔除塘内杂草。

在养鱼三年以上的鱼塘内种藕，当年不用施肥，第二年后可适当追肥。塘栽藕一般以中晚熟品种为好。

（三）南方两熟栽培

在我国广东、广西、海南等气温较高的南方地区，可进行一年两熟露地栽培。

1. 品种选择

选用早熟或早中熟品种，如鄂莲1号、鄂莲5号、鄂莲7号、武植2号等。

2. 栽种时间

在2月底至3月上中旬皆可定植，7月上中旬采收第一季藕，挖藕的同时选取无病、健壮的子藕作秋季种藕。秋季定植在7月下旬为最佳时期，迟于立秋后种植的秋藕产量会有所下降。

3. 定植密度

春季定植的种藕株行距为50厘米×140厘米，每亩用种量250～350千克。秋季定植的种藕，株行距为50厘米×150厘米，每亩用种量250～350千克。

水层管理、追肥、采收等基本同长江流域的露地种藕。

（四）北方保水栽培

在北方一些缺水的地区，通过设施达到莲藕在生产过程中保水的目的。保水莲藕池分为两种类型：一种是混凝土砖碴池，又称“硬池”；一种为塑料薄膜池，又称“软池”。硬池使用年份长，但一次性造价高，一般建 1 亩硬池需费用 4 500～5 000 元。而软池投资小，每亩需费用 2 000元，但使用寿命较短，一般为三年。

莲池一般分小池和大池两种。

1. 小池种藕

（1）建池　在选好的藕田上按南北向开挖硬池，深 50 厘米，宽 250 厘米，长 2 500 厘米。在硬池一侧留 60 厘米宽的操作道，然后以 250 厘米为准，用普通石棉瓦（规格为 250 厘米×100 厘米）和厚 0.1 毫米聚乙烯膜建造小池。石棉瓦高出地面约 50 厘米，用薄膜将地底及四周覆严，以不漏水为准。

（2）品种选择　可选用鄂莲 5 号、鄂莲 7 号、鄂莲 9 号等鄂莲系列品种。

（3）池田整理　结合填池土每亩施腐熟优质有机肥 8 000～10 000 千克，磷酸二氢钾 60 千克，复合肥 50 千克，与池土混匀。栽前灌水，使泥土呈浆状，保持水层 2～3 厘米。

（4）定植　黄淮地区多在 4 月下旬至 5 月上

旬栽植，每池栽 3 行共 10 株，藕头向内，交错排列。每亩需种藕 400 千克左右。

其他管理同长江流域中下游地区的露地栽培。

2. 大池种藕

（1）建池　建 1 亩的硬池约需 7 000 块砖，水泥 6～7 吨，石子 15 米^3，土沙 20 米^3。地块选好后，用推动机推出 60 厘米深的坑，然后整平夯实，四壁平整。将水泥、石子、沙土（或石粉）按 1∶3∶4 比例加水搅拌成浆，平铺池底，厚 5～6 厘米，然后压平压实，最后用泥磨把地面打光、打平。待凝固后，四周砌厚 12 厘米、高 80～100 厘米砖墙，墙面涂抹 1～2 厘米厚混凝土粉，保证莲池不漏水、不渗水即可。池壁要留排水口，规格 20～30 厘米。

软池的建设，也是将田块挖 60 厘米深，人工把底及四壁整平，池底打实，铺上塑料薄膜，两幅薄膜相连处重叠 20 厘米，用塑料胶粘接，保证接缝不渗水。最后池口四周用土打成 30～40 厘米高土埂，把塑料薄膜铺在土埂上并压实。农膜不能破损，如有破损应用塑料胶及时修补。

（2）品种选择　可选用鄂莲5号、鄂莲7号、鄂莲9号等鄂莲系列品种。

（3）整地施肥　同小池栽培。

（4）定植　在北方4月下旬定植，株距150～200厘米，行距100厘米，每亩用种量300～400千克。

其他管理同长江流域的露地栽培。

三、藕带栽培

藕带也叫莲鞭，是莲生长前期形成的幼嫩根状茎。主产于湖北的江汉平原，如洪湖、潜江、仙桃、嘉鱼以及武汉等地，藕带微甜而脆，滋润爽口，可生食，也可做菜，是深受人们喜爱的春夏季时令蔬菜之一，其加工产品如保鲜藕带、泡藕带等也颇受欢迎。藕带经济价值高，最近几年已成为农民增收的新热点，且有快速增长之势。

目前市场上多以子莲为藕带来源，其次为藕莲，少数来源于野莲。

（一）子莲藕带

子莲以生产莲子为主，藕带是副产品。在长

江中下游子莲产区，大多数农户一次定植，连续3～4年采收。莲田种藕在第二年春季萌发时，由于密度过大，需要疏苗，采收藕带实际上是疏苗的一种方式。从5月上旬开始抽取藕带，6月中旬后停止，然后采收莲子。每亩可采收藕带100千克，以市场平均售价16元/千克计算，可增产1 600元。

子莲藕带栽培技术要点如下：

1. 品种选择

选用太空3号、太空36号、建选17号、建选35号、鄂子莲1号（满天星）等。

2. 大田定植

第一年3月中旬至4月上中旬定植，每亩用种量120～150支。

3. 施肥

底肥每亩施腐熟牛、猪粪2 500～3 000千克，尿素10千克，过磷酸钙40千克，生石灰40～50千克，或者腐熟饼肥150～200千克、45%（15—15—15）三元复混肥40千克和尿素10千克，并加适量硼肥。追肥从6月上旬开始，每15天追肥一次，每次每亩施尿素7～8千克，在8月上中旬补施一次磷酸一铵，每亩用量约3千克，有利于增加子莲后期产量。

4. 水层管理

生长前期保持5厘米左右的浅水，有利于水温、土温升高，促进萌芽生长。生长中期（花果盛期）水层加至10～15厘米。冬季莲田保持水层5～10厘米。

5. 病虫害防控

封行前及时除草。浮萍防控可结合追肥，撒施尿素或碳铵于表面，或用青苔灵等除草剂；水绵防控每亩可用硫酸铜0.5千克化水浇泼，晴天进行，间隔一周浇一次，连续两次。病虫害重点防治莲藕腐败病及蚜虫、食根金花虫、小龙虾等。

6. 藕带采收

从定植后的第二年开始采收藕带，采收期为4月下旬至6月中旬，一般隔一天采收一次。采挖藕带首先要把握好时机，最好抢在立叶（藕苫叶）即将展开时采挖，这时采挖的藕带粗细适中，色泽洁白，顶芽被叶鞘包裹，形似笔头，俗称“笔头苫”。采挖太早，藕带过细、产量低；

采挖过晚，顶芽已顶破叶鞘，纤维含量逐渐增加，口感较差。采挖方法也很重要，藕苫叶开口的方向即为藕带生长的走向。选好采挖对象后，将手沿立叶展开的方向向下伸入泥中，摸到苫节后顺着藕带走向，将藕带轻轻抽出，并从苫节处将其掰下，随后将苫节埋入泥中继续生长。藕带采挖后要用清水洗净，顺向理齐捆扎后尽快上市。

7. 莲子采收

藕带抽至 6 月中旬停止，7 月至 10 月上旬开始采收莲子。鲜食莲子于青绿子期采收，在销售当日的清晨或前一天傍晚采收，要求莲子饱满、脆嫩、味甜。老熟壳莲于黑褐子期采收。

（二）藕莲藕带

近年来，随着藕带经济价值的不断增高以及藕带加工业的兴起，许多农户开始采用藕莲种植采收藕带。相对子莲藕带而言，藕莲藕带更加脆嫩、粗壮，且皮白、商品性好。利用藕莲采收藕带，采收时间相对灵活，可根据市场行情，在藕带、商品莲藕及种用莲藕之间及时选择和调整种植重点。利用藕莲品种种植藕带，一般每亩藕带产量可达到 400～600 千克。

藕莲藕带栽培技术要点如下：

1. 品种选择

选用芦林湖藕、鄂莲 8 号、00—26 等中晚熟品种。

2. 大田定植

宜于 3 月中旬至 4 月中下旬定植，每亩用种量一般 400～500 千克。

3. 施肥

定植前每亩施腐熟厩肥 2 500～3 000千克、45%（15—15—15）复混肥 40 千克，适量硼、锌微肥作基肥。在藕带的采收期，每 7～10 天追肥一次，每次每亩施尿素 6～8 千克，在第一次采收之后追施一次氯化钾，用量 8～10 千克。

4. 水层管理

生长前期保持 10～20 厘米左右的水层，有利于水温升高和立叶生长。生长中后期水层可加深至 30～40 厘米。

5. 病虫害防控

同子莲藕带栽培。

6. 藕带采收

藕莲藕带采收方式同样是采收“笔头苫”

为佳，即顶芽呈长圆锥状，未分叉为宜。对于宿根莲田，可在5月初开始采收，对于第一年种植莲田，待莲田封行后开始采收藕带。采收藕带时，将未展开立叶（藕苫叶）随手摘除，同时摘除池中的老叶、枯叶，避免老叶遮光及养分损耗。

对于专用于采收藕带的莲池，可采收至8月底，每亩藕带产量可达400千克以上。藕带停止采收后，秋季长成的莲藕较小，商品性差，适合留田不采挖，用作本田翌年继续采收藕带的种藕。

对于采收藕带后继续生产商品莲藕的藕田，则从5月初开始采收藕带至6月中旬停止。藕带停止采收后，加强肥水管理，9月下旬至翌年4月中下旬采收商品藕。

（三）野莲藕带

野莲多来自湖区，属野生状态，少有人工管理。湖区水深，采挖难度大，需要人工潜进水里或利用相关工具采收。野莲藕带节间细长，较子莲藕带、藕莲藕带皮孔明显，干物质及粗纤维含量较高。

四、微型藕栽培

藕莲栽培中可以用微型藕代替传统种藕的方式，在生产上深受农民欢迎。

1. 整地施肥

选择土壤肥沃、排灌方便的田块，在定植前15～20天清除田间残存茎叶，在翻耕前施基肥，每亩施腐熟粪肥2 500千克、钙镁磷肥50千克及生石灰75千克。耕深20～30厘米，耙平，并加固田埂，使田埂高出泥面20厘米以上。

2. 品种选择

微型种藕适于中、晚熟品种的大田栽培。由于微型种藕前期生长速度较常规种藕慢，中后期生长速度较常规种藕快，因此不适合早熟品种作青荷藕或二季藕栽培。中、晚熟品种可以选择鄂莲5号、鄂莲6号、鄂莲8号、鄂莲9号等。

3. 种藕准备

要求种藕纯度达95%以上，且新鲜有活力，顶芽和侧芽均完好、藕段上无大的机械伤，无病虫害。种藕单支重0.2～0.3千克，用量每亩

120～140 支。

4. 种藕贮运

种藕挖起后，如遇低温阴雨不能及时栽种时，需集中堆放，堆放高度不超过 1.5 米，覆盖保温（15 ℃以上）洒水保湿。作为包装的种藕，挖起后要及时冲洗掉泥土，根据包装箱体的大小削除过长的后梢，用 50％多菌灵可湿性粉剂 800～1 000倍液浸泡 1 分钟，沥干。包装箱规格 25 厘米×28 厘米×80 厘米，瓦楞纸箱，纸箱内垫放聚乙烯塑料薄膜，将种藕轻放入箱后用清洁的珍珠岩填充防震，然后封箱打包。每箱包装 100 支微型种藕，重量 25 千克左右。种藕可贮放 30～60 天。

5. 定植

气温稳定在 13 ℃以上时开始定植，长江中下游地区露地栽培一般在 3 月下旬至 4 月上旬。定植田保持 5 厘米浅水，先将微型种藕在大田均匀摆放，田四周的藕头朝向田内，离开田埂 0.5 米。株行距 1.5～2 米×2 米，摆放方式可采用横队式和纵队式。定植深度约 5 厘米，藕梢露出泥面呈 15°角斜栽。

6. 水位管理

立叶长出之前保持3～5厘米浅水层，封行后水层加深至15厘米。进入地下茎膨大期，水层降低至5厘米。成熟后保持10厘米左右水层贮藏越冬。

7. 补苗、转莲鞭、摘花果

立叶3～4片时，将生长稠密处的侧枝按一片浮叶一片未展立叶的大小掰开，带泥补栽到缺株、稀疏的地方，以保持田间藕苗均匀。在莲藕生长期间每周检查一次，发现莲鞭伸向田埂时及时将其前端一至二节带根挖起，然后顺势将生长方向转至田内，并按原先的深浅埋入泥中。在开花结果期每隔7～10天摘一次花果，连续3～4次。

8. 追肥

莲藕生长过程中一般追肥2～3次。第一片立叶展开时，每亩施尿素10～12千克，或碳酸氢铵30千克、人粪尿100千克；立叶长出5～6片，每亩施尿素12～15千克、氯化钾10千克；根状茎开始膨大时，根据长势每亩再追施氯化钾8～10千克。

9. 病虫草害防治

定植前结合整地清除杂草，提高水位可控制杂草滋生。封行之前要及时人工除草。莲藕主要病虫害有腐败病、叶斑病、莲缢管蚜、斜纹夜蛾等。腐败病以农业防治为主，因微型种藕不带腐败病菌，故选择无病的田块种植非常重要。叶斑病发病初期宜用70％甲基托布津加百菌清可湿性粉剂800～1 000倍液喷叶，7天喷一次，连喷2次。莲缢管蚜苗期发现时用40％乐果乳油1 500倍液或50％抗蚜威可湿性粉剂1 000倍液喷施。斜纹夜蛾在莲生长中后期用5％定虫隆（抑太保）乳油1 500倍液喷雾防治。

10. 采收

老熟藕在田间荷叶衰败时收获。

五、莲栽培模式

（一）“早藕—晚稻”栽培模式

长江中下游流域及其以南地区，水热资源丰富，能满足莲藕和水稻两季作物种植需要。通过种植莲藕增加经济收入，通过种植水稻保障粮食供应，综合效益良好。

“早藕—晚稻”栽培技术要点如下：

1. 莲藕品种选择

选择早熟或早中熟品种，如鄂莲1号、鄂莲5号、鄂莲7号、鄂莲9号、鄂莲10号等。

2. 莲藕定植

3月下旬至4月上中旬定植，每亩用种量300～400千克。

3. 莲藕施肥

底肥一般每亩施45%（15—15—15）的复混肥40千克、尿素15～18千克、硼砂1千克、一水硫酸锌2千克。定植后第25～30天每亩施尿素12～15千克，第55～60天每亩施尿素10～12千克、氯化钾8～10千克。

4. 莲藕水层调节

水深10～20厘米。

5. 莲藕病虫草害防治

封行以前及时人工除草。浮萍可结合追肥，撒施尿素或碳酸氢铵于表面，或青苔灵等除草剂；水绵可亩用硫酸铜0.5千克，化水浇泼，晴天进行，间隔1周一次，连续两次。病虫害重点防治莲藕腐败病、蚜虫、食根金花虫及小龙虾等。

6. 莲藕采收

6月下旬至7月中下旬采收青荷藕上市，每亩产量750～1 000千克。

7. 晚稻种植

7月下旬栽插，按双季晚稻种植技术管理。晚稻季不施底肥，追肥施少量氮肥即可。每亩产量500千克。

（二）“子莲—晚稻（泽泻）”栽培模式

子莲采摘后期（8月中下旬），莲鞭停止生长，不再抽生花蕾，栽培上俗称“净花”。可将莲田无花立叶、残荷打除，套种一季晚稻或泽泻，提高莲田复种指数，每亩可增收晚稻500千克或泽泻200千克，增加了经济效益。通过水旱轮作或种植泽泻，可减轻腐败病等连作病害发生。

“子莲—晚稻（泽泻）”栽培技术要点如下：

1. 前作子莲栽培

前作子莲关键是加强田间管理，促进早发，在栽培上与传统种植有较大区别。

（1）品种选择 选择太空莲36号等中早熟

优良品种。

（2）定植　3月中旬或3月底移栽，排种量适当加大，按株行距130～150厘米×150厘米定植，每亩排种量300～350株。

（3）肥水管理　莲田追肥要突出一个“早”字。5月上旬莲株抽生第一片立叶时，每亩施尿素0.6～0.8千克点兜一次。5月中下旬每亩施45%（15—15—15）的复混肥40千克、尿素5～7千克，适量施用硼、锌微量元素肥料；6月中旬至8月上旬根据植株长势，每隔15天左右追肥一次，每亩施尿素5千克，在子莲采收前期追施磷酸一铵和氯化钾一次，每亩用量分别为3千克和6千克。

（4）草害防治　封行前及时清除田间杂草。

2. 后作晚稻（泽泻）栽培

（1）品种选择　晚稻应选秧龄弹性大、抗逆性强的杂交晚稻品种。泽泻可选择当地适应性强的品种。

（2）移栽　8月上旬（水稻）或9月上旬（泽泻）移栽。移栽前2～3天将无花立叶、残荷清除，套种水稻每亩基本苗10万～12万穴，泽泻6 000株左右。

（3）肥水管理　莲田套种晚稻因前作子莲施肥量大，肥力好的田块一般可不再施肥。但田脚差的田块一般在插秧后5～7天结合第一次中耕追施一次即可，每亩施尿素5～7千克。

（三）“子莲—空心菜”套种模式

子莲前期（4～6月）植株未封行，田间空隙大，在封行前套种一季空心菜，既可抑制杂草生长，又提高了土地利用率，增加了经济效益。通过套种，每亩可增收空心菜2 000千克左右，经济效益显著。“子莲—空心菜”套种模式适宜长江中下游子莲产区。

“子莲—空心菜”套种技术要点如下：

1. 品种选择

子莲应选择太空莲36号等生育期长的品种，空心菜选用耐涝耐热的大叶品种。

2. 空心菜育苗

在2月下旬至3月上旬采用小拱棚旱地育苗，每亩大田育苗0.1亩（66.7米^2），用种4～5千克。播种前先在室内催芽，待30%的种子露白时及时播种，注意晴天中午棚内温度不能超过

35 ℃，晚上保持在 15 ℃以上。当苗长到 5～7 厘米时要注意浇水施肥，播种后 40 天左右苗高 15～20 厘米即可移栽。

3. 移栽

子莲移栽时间为 3 月底至 4 月上旬。空心菜在子莲移栽后的 4 月上中旬进行。株行距 15 厘米×20 厘米，每株 1 苗，亩栽基本苗约 2 万株。移栽时每隔 2 米留一条 30～40 厘米的过道用于生长管理。

4. 施肥

每亩施农家肥2 000千克以上作基肥。空心菜移栽成活后每亩施碳酸氢铵 40 千克，以后可施用碳酸氢铵、尿素或复合肥，每次每亩施肥量 30～40 千克。碳酸氢铵应从注水口溶解施入或在田间用手抓肥料沿行间洗溶施入。

5. 水位控制

在空心菜生长过程中控制水位在 3～5 厘米，切忌水位忽高忽低。

6. 采收

在 5 月中下旬当空心菜长到 40 厘米左右时采摘，采摘时用手掐摘为好，用刀等铁器易出现刀口部分锈死。至6月中下旬采收结束，可采2～3次，之后将空心菜根茎全部拔除压入泥土中，转入子莲常规管理。

7. 病虫害防治

空心菜要注意防治白锈病和轮斑病，子莲重点防治腐败病、叶斑病和莲纹夜蛾、蚜虫等病虫害。

（四）“早藕—荸荠”栽培模式

“早藕—荸荠”栽培技术要点如下：

1. 早熟莲藕栽培

（1）品种选择　选择早熟或早中熟品种，如鄂莲1号、鄂莲5号、鄂莲7号等。

（2）整地施基肥　2月中下旬结合整地重施基肥。一般每亩施45%（15—15—15）复混肥40千克、尿素10～12千克、硼砂1千克、一水硫酸锌2千克。深翻耙细整平，做到田平、泥活、土肥、草净、水足。

（3）大田定植　3月中下旬至4月上旬定植，每亩用种量300～400千克。

（4）水层调节　定植到立叶抽出前，保存5～10厘米浅水，生长旺盛期水层逐渐加深至

10～20 厘米。

（5）追肥　定植后第 25～30 天，每亩施尿素 10～12 千克；定植后第 55～60 天，每亩施尿素 12～15 千克、氯化钾 8～10 千克。

（6）病虫草害防治　重点防治斜纹夜蛾和蚜虫。斜纹夜蛾可用定虫隆（抑太保）防治，蚜虫可用吡虫啉防治。田间杂草人工拔除，入泥作肥。

（7）采收　一般在 6 月下旬至 7 月中旬采收青荷藕上市，采收前一周割除荷梗可减少藕锈。每亩产量约 750 千克。

2. 荸荠栽培

（1）品种选择　可选用鄂荠 1 号、沙洋荸荠、孝感荸荠等。

（2）秧苗准备　采用两段育苗。一段苗（旱苗）于 3 月中下旬进行，按株行距 5 厘米×10 厘米排放种荠后盖细沙壤土。二段苗（秧田苗）于 5 月 25 日前后移栽，株行距 60 厘米×60 厘米。

（3）大田定植　定植前每亩施 45%（15—15—15）复混肥 35 千克、硼砂 1 千克、一水硫酸锌2千克作基肥，7月下旬前定植，株行距50厘米×60厘米。

（4）肥水管理　移栽返青后，每亩施尿素5～10千克；抽生结荠茎时，每亩施尿素10～15千克、氯化钾肥10～12千克。主要生长期水层保持5～15厘米。

（5）病虫草害防治　重点防治荸荠秆枯病、枯萎病及白禾螟。

（6）采收　一般在12月开始采收，可以持续采收至第二年的4月上中旬。

（五）“莲藕—水芹（豆瓣菜）”栽培模式

1. 莲藕栽培

（1）品种选择　选择早熟或早中熟品种如鄂莲5号、鄂莲7号、鄂莲9号、赛珍珠等。

（2）整地施基肥　2月中下旬结合整地重施基肥，一般每亩施45%（15—15—15）复混肥40千克、尿素12～15千克、硼砂1千克、一水硫酸锌2千克。深翻耙细整平，做到田平、泥活、土肥、草净、水足。

（3）大田定植　3月中下旬至4月上旬定植，每亩用种量250～300千克。

（4）水层调节　定植到立叶抽出前保持 5～10 厘米浅水，生长旺盛期水层逐渐加深至 10～20 厘米。

（5）追肥　定植后第 25～30 天，每亩施尿素 10～12 千克；定植后 55～60 天，每亩施尿素 12～15 千克、钾肥 10～12 千克。

（6）病虫草害防治　重点防治斜纹夜蛾和蚜虫。斜纹夜蛾可用定虫隆（抑太保）防治，蚜虫可用吡虫啉防治。田间杂草宜人工拔除，入泥作肥。

（7）采收　一般在 8 月中下旬开始采收莲藕上市。

2. 水芹（豆瓣菜）栽培

（1）水芹　于 9 月上中旬排种，11 月至第二年 3 月分次采收。

（2）豆瓣菜　于 9 月上旬另选地育苗，10 月中旬定植，11 月至第二年 3 月分次采收。

（六）"莲藕—旱生蔬菜"栽培模式

"莲藕—旱生蔬菜"栽培可实现水旱轮作。一般来说，旱生蔬菜种类确定的依据主要有四个方面：一是莲藕产品的采挖时期；二是炕地整地时间长短；三是早生蔬菜适宜播种期或定植期、采收期，其采收期宜在4月上旬前结束；四是市场需求等。根菜类、白菜类、甘蓝类、芥菜类、茄果类、绿叶菜类等蔬菜中都有适宜的品种类型，可以作为莲藕的后茬。由于莲藕采收期可以有较大变化，因而其后茬早生蔬菜的种类和茬次亦可有较大变化。在长江中下游地区，莲藕采收期早的话，其后可种植1～3茬。

（七）莲藕返青早熟栽培模式

长江中下游地区传统莲藕栽培的采收期一般为7月中旬至翌年4月，5月至7月上旬为莲藕上市断档期。莲藕返青早熟栽培，采收期为6月中下旬至7月中旬，其与延后采收栽培及传统露地栽培模式搭配，在不采用覆盖设施的前提下，实现了莲藕周年生产上市，经济效益十分显著。莲藕返青早熟栽培一般于3月下旬至4月上中旬定植，7月上中旬采收大藕上市，小藕作为种藕重新定植，冬季莲藕留地越冬，保留至翌年返青生长，重新结藕。第二年返青生长的莲藕6月中下旬至7月下旬采收，采收后用小藕做种重新定植。

莲藕返青早熟栽培技术要点如下：

1. 品种选择

选用极早熟品种或早熟品种，如鄂莲7号、鄂莲1号和鄂莲5号等。

2. 定植

第一年3月下旬至4月上中旬定植，每亩用常规种藕400千克左右，6～7月采收后随即用小藕做种，定植行距1.5米，株距1米。

3. 施肥

重基肥，早追肥。一般每亩施腐熟农家肥（厩肥、堆肥、绿肥翻压还田等）1 500～2 000千克、45%（15—15—15）复混肥35～40千克、尿素10～12千克、氯化钾3～4千克。第一年于3月下旬至4月上中旬定植前结合整地施入，第二年及以后各年于返青早熟藕采收并重新定植后施入。第一年3、4月定植的田块，定植后第25～30天每亩施尿素8～10千克；定植后第55～60天每亩施尿素8～10千克，氯化钾3～4千克。6、7月重新定植后的第25～30天，每亩施尿素15～18千克，氯化钾5～7千克；翌年4月上中旬，每亩施45%（15—15—15）复混肥

15～18 千克，尿素 10～12 千克。

4. 水层管理

定植初期水深 5～10 厘米，立叶抽生后保持水深 10～20 厘米。越冬期田间保持水深 10 厘米以上。

5. 病虫草害防治

注意防治莲藕腐败病、褐斑病、斜纹夜蛾、蚜虫及食根金花虫等病虫害。人工清除田间杂草。

6. 采收

一般在形成 2～3 个膨大节间时开始采收青荷藕。

（八）莲藕延后采收栽培模式

长江中下游地区传统莲藕栽培的采收期一般为 7 月中旬至翌年 4 月，5 月至 7 月上旬为莲藕上市断档期。莲藕延后采收栽培，采收期为 5 月上旬至 6 月中旬，其与返青早熟栽培及传统露地栽培模式搭配，在不采用覆盖设施的前提下实现了莲藕周年生产上市，经济效益十分显著。

莲藕延后采收栽培技术要点如下：

1. 田块选择

选择水源充足、水位可调控的深水池塘。

2. 品种选择

选用晚熟品种，如鄂莲 8 号等。

3. 定植

第一年 3 月中下旬至 4 月下旬定植，每亩用常规种藕 250 千克左右。第二年及以后各年采收后随即用小藕做种，定植行距 1.5 米，株距 1 米。

4. 施肥

第一年定植的田块，于 3 月中下旬至 4 月下旬结合整地每亩施入 45%（15—15—15）复混肥 40 千克、硼砂 1 千克、一水硫酸锌 2 千克，定植后第 25～30 天每亩施尿素 8～10 千克，第 55～60 天每亩分别施尿素 10～12 千克和氯化钾 6～8 千克，定植后第 75～80 天每亩施尿素和氯化钾各 6～8 千克。第二年及以后各年于重新定植后每亩施入 45%（15—15—15）复混肥 40 千克，定植后第 25～30 天每亩施尿素 8～10 千克，定植后第 55～60 天每亩施尿素 10～12 千克及氯化钾 6～8 千克。

5. 水层管理

定植初期水层 5～10 厘米，立叶抽生后保持水层 10～20 厘米，叶片枯萎后，灌 1.5 米以上深水越冬，并保持到翌年 5 月上旬至 6 月中旬。

6. 病虫草害防治

注意防治莲藕腐败病、褐斑病、斜纹夜蛾、蚜虫及食根金花虫等病虫害。人工清除田间杂草。

7. 采收

5 月上旬至 6 月中旬，根据市场需求采挖上市。

六、莲—鱼共生体系

长江中下游流域莲藕（子莲）种植面积大，在莲田间套养鱼类不仅有利于农田生态环境保持，而且莲藕种植与鱼类套养有相互促进作用，在不增加过多投入的情况下，能显著增加莲藕田间综合效益。一般每亩莲田套养鱼产量约50 千克。

莲—鱼共生体系技术要点如下：

1. 套养鱼种

适宜套养鲫鱼、鲤鱼、鲶鱼、鳊鱼、罗非

鱼、黑鱼、泥鳅、鳝鱼等。

2. 田间设施

加宽加高田埂，宽1米以上，高0.4～0.5米。进水口设置防逃设施，出水口设置平水缺调节水位。田间开挖相互贯通的鱼沟，鱼沟“十”字形，或“非”字形、“丰”字形、“田”字形、“井”字形，间距5米左右，与鱼溜连通。鱼溜深0.8～1米，面积为田块面积的2%～3%，或开挖相同面积的围沟。

3. 田间消毒

放养鱼之前10～15天，每亩用75～100千克新鲜生石灰或15千克茶籽饼消毒。

4. 鱼种放养

主养鱼（主体鱼）与配养鱼（搭配鱼）的比例7～8∶3～2，规格5厘米以上。主养鲤鱼时，每亩放养鲤鱼80尾，草鱼和罗非鱼各60尾；主养罗非鱼时，每亩放养罗非鱼210尾，草鱼和鲤鱼各45尾；养殖泥鳅时，每亩放养体形好、个体大、无病无伤的成鳅10～15千克（雌雄比例1∶1.5）；养殖鳝鱼时，每亩放养20～30尾/千克规格的鳝苗800～1 000尾。鱼苗放养前，用3%

食盐水浸浴8～10分钟，消毒。

5. 莲藕（子莲）田间管理

莲藕（子莲）套养鱼类时，施肥应以基肥为主，追肥为辅；以有机肥为主，无机肥为辅。有机肥应腐熟后施用。每亩每次追肥施用量不宜过大，其中有机肥不超过500千克，复混肥不超过10千克，尿素不超过5千克，建议施用缓控释氮肥，一次用量不超过10千克，氯化钾不超过10千克。宜将田块分为两半，间隔数日分块施肥。选用低毒高效农药，禁用鱼类敏感农药。其他管理与常规管理相同。

第七讲
莲藕保护地及轻简化栽培

一、莲藕保护地栽培

莲保护地栽培是指在设施条件下进行的一种莲栽培方式，又称设施栽培。莲保护地栽培的主要目的是为了莲藕提早上市以获得更大收益，对于保证莲藕周年均衡供应也起着重要作用。

就目前来讲，莲保护地栽培主要是指藕莲的保护地栽培。子莲在设施条件下栽培虽能较露地栽培提前开花，但因环境湿度大花粉易黏成团，加之设施栽培是在一个较封闭的环境中，昆虫相对较少，均不利于传粉，进而影响结实率，因而效益并不十分可观，故子莲的保护地栽培在实际生产中应用并不多。藕带的保护地栽培已开始在生产中应用，但并不普及，这里也不作介绍。

（一）设施类型

莲藕保护地栽培设施主要有塑料小棚、中棚、大棚等。

1. 塑料小棚

一般采用毛竹等材料按 0.8～1.0 米的间距插一拱架，棚高 0.5～0.8 米，棚宽 1～1.3 米，用竹竿纵向连接拱杆形成拱棚，在其上覆盖塑料薄膜即为塑料小棚。这种设施的特点是生产成本低，投资少，操作简单，晴天时升温迅速，缺点是夜晚降温快，保温效果较差，可覆盖的时间短，其收获期与露地相比只能提前 10 天左右，加之小棚比较矮小，不利于农事操作。

2. 塑料大棚

一般长 30～50 米，跨度 6～8 米，大棚顶高 2.5～3.5 米，拱间距 0.6～0.8 米。塑料大棚优点是坚固耐用，使用寿命长，作业方便，保温效果好，覆盖时间长，缺点是一次性投入的成本较高，不便移动。

3. 塑料中棚

一般棚宽 3～3.5 米，棚高 1.5～1.6 米，棚长 20～30 米，多为竹木结构，性能介于塑料小棚和塑料大棚之间，其保温效果也较好，投资较少，拆卸比较方便，是保护地种藕的一种经济实用的设施，在生产中受到欢迎。这里主要介绍中棚设施栽培。

（二）建造中棚

在建棚前，先深耕整田，施足基肥，方法、数量同露地栽培。棚向宜南北走向，拱棚，单栋式结构，棚间距以 1 米为宜。骨架若为竹弓，每亩需竹弓 500 根，竹弓间隔 50 厘米插一根。纵向 1～3 根，拉杆固定棚架。定植前半个月覆盖薄膜，棚两边的膜要深扎泥中。

（三）品种选择

莲的设施栽培宜选用早熟或早中熟品种，如鄂莲 1 号、鄂莲 5 号、鄂莲 7 号、武植 2 号等，具体品种介绍详见第五讲。

（四）定植

莲的保护地栽培定植时间一般较露地栽培提早 15～20 天，如武汉地区为 3 月中旬。用种量也较露地栽培大，一般每亩用种量 300～400 千克。定植时行距为 1.2～1.5 米，株距 0.8～1.2 米，栽种时种藕前部斜插泥中，尾梢露出泥面，行与行之间各株交错排列，棚内四周芽头均朝向棚内。

（五）管理关键技术

1. 温度调节

从定植到萌发期间，外界温度较低，棚膜要密闭，尽量提高棚内温度。在棚内温度高于 35 ℃时，棚两端打开通风。棚内温度最高不能超过40 ℃。在日平均气温达 23 ℃以上时，应揭除覆盖。

2. 水层管理

莲藕生长前期，立叶长出水面前灌 2～3 厘米浅水，以利提高泥温，促进早发。以后随着植株生长和外界气温的提高，水层可保持在 5～6 厘米。

3. 追肥

由于保护地莲藕生育期短，追肥可分两次。第一次在第一片立叶展开时，每亩施尿素 10 千克，肥料撒施在立叶周围的泥土中。第二次追肥在封行前，主鞭长有 5～6 片立叶时，每亩施尿素 15～18 千克、氯化钾 8～10 千克，以促进莲藕膨大。

4. 除草、补苗

在封行前应随时拔除田间杂草。发现缺苗及时补栽。

5. 病虫害防治

同露地栽培。

6. 采收

根据采收目的的不同，有两种采收方式。一种是收大留下。6 月中旬即可采收主藕上市，留下子藕继续生长，但产量较低，一般每亩可产青荷藕1 000千克左右，以后随时间推移产量明显提高，可根据市场需求灵活调节采收期。采后每亩再追施复合肥 25 千克，8～9 月可再采收二季藕1 500～2 000千克。第二种方法是一次性收获，在收前两天先割去莲叶，再顺次挖取，选大藕上市，留小藕作二茬藕种源，排放原田继续生长。

二、莲藕轻简化栽培

莲藕生产一直受到采挖难度大、劳动力老龄化及劳动力日益短缺等问题的制约，为了解决这些生产中的实际问题，武汉市蔬菜科学研究所研发了莲轻简化栽培技术。所谓轻简化，顾名思义就是轻松、简单，相对于传统的栽培技术来说，莲轻简化栽培是一项省时、省力、降耗、节本、增效的栽培技术。

莲轻简化栽培是指利用设施条件在基质中进行的莲藕栽培，通过合理密植和适时采收等措施，既实现了莲藕“一年三收”，生产效益大幅提高，又解决了莲藕采挖难的问题。设施主要是利用保温效果较好的塑料大棚，基质主要包括蛭石等无机基质和泥炭、菇渣等有机基质或者以上两三种按一定比例混合制成的复合基质。

（一）建棚建池

同莲藕一般保护地栽培一样，需要进行覆盖设施的建设，不同之处在于莲轻简化栽培是要建造塑料大棚，而且要在大棚内建设栽培池。池按南北向开挖，深50～60厘米，池底部及四壁水泥硬化即为硬池，硬池使用年份长，但一次性造价高，一般建1亩硬池需费用4 500～5 000元；池底部及四壁铺双层塑料薄膜即为软池，软池投资小，每亩约需费用2 000元，但使用寿命较短，一般为2～3年。不论硬池还是软池，都要保证不漏水、不渗水。

（二）基质填充

基质主要选择蛭石、泥炭、菇渣等单一基质，或者以上两三种基质按一定比例混合制成的复合基质。武汉市蔬菜科学研究所推荐使用泥炭单一基质或者泥炭∶菇渣=1∶1（体积比）的复合基质。将基质均匀填入池中，填充深度30厘米。将基质浸透水，并沉下去后再定植。

（三）品种选择

莲轻简化栽培宜选用早熟品种，如鄂莲7号、赛珍珠等。具体品种介绍详见第五讲。

（四）定植

定植前应施底肥，每亩施入45%（15—15—15）复混肥40千克、尿素8～10千克、硼砂1～1.5千克、一水硫酸锌2千克。定植时间一般较露地提早25～30天，武汉地区为3月初。定植时行距2.0米，穴距0.9～1.0米，每穴栽植2支，栽植行与行之间摆成梅花形，四周芽头一律指向池中央。莲轻简化栽培用种量较大，每亩约需种藕400～600千克。

（五）管理关键技术

1. 温度调节

从定植到萌发期间要闭棚以提高棚温。一般棚温不超过35℃为宜，否则要注意通风降温。5月上中旬视情况揭除覆盖。

2. 水层管理

生长前期，立叶长出水面前灌 2～3 厘米浅水，促早发。以后随着植株生长和气温提高，水层可保持在 5～6 厘米。

3. 追肥

由于大棚莲藕生育期短，追肥分两次。第一次在第一片立叶展开时，每亩施尿素 12～15 千克，肥料化水浇泼在立叶周围。第二次在封行前，每亩施尿素 15～18 千克、氯化钾 8～10 千克，化水浇泼。

4. 除草、补苗

在封行前应随时拔除田间杂草。发现缺苗及时补栽。

5. 病虫害防治

同露地栽培。

6. 采收

5 月上中旬可采收第一批藕上市，此次采大留小，即采收主藕上市，留下子藕继续生长。采收后每亩追施尿素 10～12 千克、氯化钾 5～7 千克。7 月上中旬可采收第二批藕上市，此次采收仍采大留小，采后追肥。当年底或第二年春天可进行第三批藕采收。

第八讲 莲藕病虫草害及其防控

一、莲藕病害

（一）莲藕腐败病

莲藕腐败病又名黑根病、藕瘟、枯萎病、腐烂病，是莲藕大田生产中的主要病害之一，在我国各大莲藕产区均有发生。

1. 症状和病原

病害主要危害地下茎，地上部分的花蕾、叶片和叶柄等也表现症状，病害严重时可造成整株死亡。病害初期，莲藕地下茎的外观变化并不明显，横切病株茎部近中心的维管束呈淡褐色或褐色，然后变色部位逐渐蔓延，由种藕扩展到新长出的地下茎。后期，根、莲鞭和病茎呈褐色或紫黑色不规则的病斑，莲根坏死，莲鞭输导组织变褐色，茎纵向皱缩甚至腐烂。有些病株在藕节上出现粉红色物质和蛛丝状菌丝体。从发病茎上新抽出的叶片颜色很淡，叶片边缘呈青枯状，并向下卷曲，随后逐渐扩展到叶片内部，最后整个叶片变褐干枯，大多数叶柄的顶端弯曲下垂，叶柄变褐，整株萎缩干枯。

该病由无性孢子类镰孢菌属中多种镰刀菌侵染引起，主要为尖孢镰刀菌莲专化型（*Fusarium oxysporum*. f. sp. *nelumbicola*）。其次还有串珠镰刀菌（*F. moniliforme*）、腐皮镰刀菌（*F. solani*）、半裸镰刀菌（*F. semitactum*）和接骨木镰刀菌（*F. sambucinum*）。主要致病菌尖孢镰刀菌莲专化型在自然条件下或人工培养条件下可产生小型分生孢子、大型分生孢子和厚垣孢子三种类型，小型分生孢子无色，单胞，卵圆形或肾脏形等，长假头状着生。大型分生孢子无色，多胞，镰刀形，略弯曲，两端细胞稍尖。厚垣孢子淡黄色，近球形，表面光滑，壁厚，间生或顶生，单生或串生，对不良环境抵抗力强。

2. 发病规律

该病主要侵害莲藕地下茎部，一般 5 月中旬开始发病，6 月下旬至 7 月上中旬为发病盛期，

7 月下旬后病情减轻；8 月中旬开始，发病植株可长出新的浮叶和立叶。莲藕腐败病流行年份一般能造成莲藕减产 15%～20%，严重时达 60% 以上，甚至绝收。

莲藕腐败病菌在种藕及土壤中以菌丝体越冬，翌年成为再侵染源。带病种藕会成为发病中心，产生的分生孢子和菌丝可再度侵染。通常来说，新开发的藕田该病发生较轻，连作藕田发病较严重；土壤通气很好、酸碱度适宜的藕田发病较轻；土壤通气性差、酸度高的藕田发病严重；直接施未经过发酵腐熟的有机肥料发病严重，施用经发酵腐熟的有机肥料则发病较轻；持续高温、暴雨频繁、阴雨天多或日照少，藕田发病严重，温度适宜、日照多或晴朗天多，藕田发病较轻；一般情况下深根系的品种发病较轻，浅根系的品种发病严重；藕田断水干裂，偏施氮肥或者单独施用无机肥的藕田发病较重。另外，如果食根金花虫严重或污水流入了藕田，也容易诱发此病。

3. 防治方法

莲藕腐败病是一种土传病害，对于该病防治

应以选用抗病品种和健康藕种为基础，同时加强种藕和土壤消毒，辅以科学的栽培管理方法，综合治理。

（1）选择抗病良种　选择适宜当地栽培的丰产、优良、抗病品种。

（2）不用发病藕田的藕做种　种藕带菌是腐败病发病的主要菌源，预防该病关键要从无病藕田选择健株作种藕，以杜绝菌源。

（3）搞好种藕消毒和土壤处理　种藕栽种前进行消毒，可用50%多菌灵可湿性粉剂或50%甲基硫菌灵可湿性粉剂800倍液、75%百菌清可湿性粉剂800倍液喷雾，再用塑料薄膜闷种24小时，晾干后播种。栽前结合翻耕，每亩可用50%多菌灵可湿性粉剂2千克拌细土撒施。

（4）加强栽培管理　水旱轮作，可减少病原积累、净化土壤、减轻病害的发生，大田实行2～3年轮作。植藕田块要酸碱度适中，土层深厚，有机质丰富，对酸性重的土壤，用生石灰加以改良；整地时每亩施生石灰50～100千克。藕田实行冬耕晒垡，可改善土壤条件和杀灭土壤中部分病原菌。合理施肥，基肥以有机肥为主，并经过充分腐熟；生长期间追肥要注意氮、磷、钾配合，避免单施化肥或偏施氮肥，适当增施磷、钾肥，以促进植株生长，提高抗病力。生长前期灌浅水，中期灌深水，后期适当浅水，以适应莲藕生长阶段的需要；温度高或发病初期，要适当提高水位，以降低地温，抑制病菌大量繁殖。在田间发现病株要连根挖除。田间操作时应尽量减少人为对地下茎造成伤害。

（二）莲藕叶斑病

莲藕叶斑病又称黑斑病，是莲藕上发生的一种常见叶部病害，病害发病严重时可造成叶部完全枯死，直接影响莲藕产量和品质，甚至影响莲藕的观赏性。

1. 症状和病原

病害只危害叶片，病斑初为针头大小黄褐色小点，后逐渐扩大成圆形至不规则形褪绿色大黄斑或褐色枯死斑，叶背面尤为明显，病斑边缘明显，四周具细窄褪色黄晕，叶背面病斑颜色较正面略浅，多个病斑融合后，致叶片现大块焦枯斑，严重时除叶脉外，整个叶上布满病斑，致半叶或整叶干枯。藕田初零星发病，后形成片，病区似火烧。

病菌属无性孢子类丝孢纲丝孢目暗丛梗孢科链格孢属莲链格孢（*Alternaira nulumbii*）。分生孢子梗褐色，单生或2～6根簇生，不分枝，具膝状节。分生孢子卵形至近椭圆形，褐色至淡褐色，具横隔膜1～6个，纵隔膜0～4个，隔膜处略缢缩，喙短。

2. 发病规律

该病一般在每年的5～7月发生，病菌以菌丝体和分生孢子丛在病残体上或采种藕株上存活和越冬，翌年产生分生孢子，借风雨传播进行初侵染，经5～7天潜育发病，病部又产生分生孢子进行再侵染。该病害在浅水藕连作地、偏施氮肥、施用未腐熟有机肥，且藕株密度过大、通风透光性能差的田块发病严重。高温多雨、阴雨连绵、日照不足或暴风雨频繁易诱发本病；植株生长衰弱、田间水温过高易发病。

3. 防治方法

对于莲藕叶斑病的防治应以选用无病种藕为前提，加强栽培管理，辅以药剂防治的综合防治策略。

（1）选用无病种藕 从无病藕田选择健株作种藕，杜绝病源。

（2）加强栽培管理 合理密植，重病田实行两年以上轮作。在冬前清除藕田的莲藕病残体及四周杂草，藕田深耕翻耙，施用酵素菌沤制的堆肥或腐熟的有机肥，适时适量追肥，做到有机肥和化肥相结合，氮肥与磷钾肥相结合。不用带菌肥料，施用的有机肥不得含有莲藕病残体。采用测土配方施肥技术，适当增施磷钾肥，加强田间管理，培育壮苗，增强植株抗病力，有利于减轻病害。按莲藕不同生育阶段需要管好水层，做到深浅适宜，以水调温调肥。

（3）药剂防治 用50%多菌灵可湿性粉剂600倍液或70%甲基硫菌灵可湿性粉剂1 000倍液、75%百菌清800倍液喷雾、闷种，覆盖塑料薄膜密封24小时，晾干后栽植。可在莲藕叶斑病发生前或发病初期用50%多菌灵可湿性粉剂或25%丙环唑乳油、250克/升嘧菌酯悬浮剂1 000倍液喷雾，7～10天一次，连喷3次，对莲藕叶斑病的防治具有较好的效果。因莲藕叶片上蜡质较多，应选择无风晴天喷药，同时加入有机硅类黏着剂以提高喷雾质量，增加防治效果。

（三）莲藕炭疽病

莲藕炭疽病是莲藕重要的叶部病害之一，分布广泛，发病严重时可造成叶片枯死，对莲藕产量影响较大。

1. 症状和病原

主要危害叶片，多始自叶缘，呈半圆形、椭圆形褐色至红褐色小斑，扩大后则呈不定形斑，病斑中部褐色至灰褐色稍下陷，常出现明显或不甚明显的云纹，有的病斑外围出现黄色晕圈。后期病斑上产生针头大小的小黑点或朱红色小点，即病菌的分生孢子盘和分生孢子。条件适宜时叶片上病斑密布，致叶片局部或全部枯死。严重时叶柄和茎亦受侵染，形成近梭形或短条状斑，暗褐色，后期病斑上产生很多小黑点，终致全株枯死。

病原为无性孢子类炭疽菌属胶孢炭疽菌（*Colletotrichum gloeosporioides*）。分生孢子盘生在病果表皮下，菌丝体在皮下组织的细胞间隙中集结，形成黑褐色的分生孢子盘，圆盘状，中间凸起，刚毛少，后孢子盘顶开果皮及角质层。

盘上生分生孢子梗棍棒状，分生孢子圆筒状，萌发适宜相对湿度为100%，湿度低于75%不萌发，在水中24小时后大量萌发。

2. 发病规律

病菌以菌丝体和分生孢子盘在病残体中存活越冬，南方地区，尤其是在海南和广东、广西等地，莲藕常延至翌春陆续采挖收获，病菌也可在田间病株上越冬。翌年环境条件适宜时，病菌分生孢子盘上产生的分生孢子借助风雨传播，进行初侵染与再侵染。雨水频繁的年份和季节有利于发病；氮肥偏施过施，植株体内游离氨态氮过多，抗病力降低而易感病；连作地或藕株过密、通透性差的田块，发病重。

3. 防治方法

莲藕炭疽病应在选育和种植抗病品种的基础上，采用栽培管理和适时药剂防治的综合防治措施。

（1）选用抗病品种　选择适宜当地生长环境的早熟、高产、抗病品种。

（2）加强栽培管理　适期栽种，多施有机肥少施化肥，氮磷钾配合施用；按藕株不同生育期管好水层，适时换水，深浅适度，以水调温调肥促植株壮而不过旺，增强抗病力，减轻发病；田间发现病株及时拔除，收获后清除莲塘病残组织，减少次年菌源。

（3）药剂防治　发病初期叶面喷施25%咪鲜胺可湿性粉剂1 200倍液或10%苯醚甲环唑水分散粒剂6 000倍液、50%甲基硫菌灵可湿性粉剂800倍液、2%抗霉菌素水剂200倍液、2%武夷菌素水剂150倍液，每隔7～10天喷一次，连续2～3次。

（四）莲藕叶疫病

莲藕叶疫病是莲藕生产上发生的常见病害之一，一般在5月开始发生，发病常导致大面积莲叶腐烂，引起严重减产或绝收，造成较大的经济损失。

1. 症状和病原

主要危害莲藕叶片，以浮贴水面的叶片受害严重。叶片发病初期为绿褐色小斑，后扩展成圆形、椭圆形或不定形黑褐色湿腐状病斑，病斑颜色分布不均匀，多个病斑相互连接致叶片变褐腐烂或干缩，贴水叶片不能抽离水面；严重时叶柄亦坏死腐烂。

莲藕叶疫病菌是一种疫霉菌（*Phytophthora* sp.），属卵菌门真菌。孢子囊长梨形，长宽比约为2.5∶1～3∶1；顶部具乳头状突起，基部有短柄。

2. 发病规律

病菌以菌丝体随病残体或以卵孢子散布在藕塘中存活越冬，以孢子囊及其产生的游动孢子作为初侵染与再侵染源，借水流传播蔓延，从叶片气孔侵入致病。莲藕叶疫病的发生危害与品种抗性、气象因素、农业栽培管理等因素关系密切。感病品种发病重；高温多雨、空气潮湿有利于病害的发生与发展；长势弱、阳光不充足的田块发病重。

3. 防治方法

莲藕叶疫病的防治应在选用抗病品种的基础上，加强农业防治措施，并结合药剂防治进行综合防控。

（1）选用抗病品种　根据各地品种推广情况，因地制宜选育和种植抗病品种。

（2）加强农业防治措施　勿栽带病秧苗，发现病株及时拔除；科学施肥，施用充分腐熟的农家肥，避免偏施氮肥，提高植株抗病力；加强水分管理，遇有水涝，在水退后要及时用清水冲洗叶面；收获后清除莲塘病残组织，减少次年菌源。

(3) 药剂防治　发病初期，可选用72%霜脲氰·锰锌可湿性粉剂600～800倍液或72.2%霜霉威水剂600倍液、68.75%氟菌·霜霉威700倍液。在排灌方便的地方或田块，施药前半天或一天放水露田或保持薄水层，24～48小时后再回水至莲藕生育所需水层。隔7～15天一次，连续施药2～3次，前密后疏，交替施用。

(五) 莲藕病毒病

莲藕病毒病又称花叶病毒病，是莲藕生产上的重要病害，分布广泛，危害严重，可造成不同程度的损失。

1. 症状和病原

本病主要危害叶片，病株比健株矮，叶片变细，早发病的植株矮缩明显。病叶表现症状包括包卷不展、局部褪绿黄化、浓绿斑驳花叶状、皱缩粗糙、叶脉明显凸起、叶呈畸形等。

莲藕病毒病由黄瓜花叶病毒（简称 CMV）侵染引起。病毒粒子为等轴对称的二十面体（T=3），无包膜，三个组分的粒子大小一致，直径约 29 纳米；外壳蛋白由一种多肽组成。

2. 发病规律

该病在莲藕全生育期皆可发生，通过蚜虫与植株间摩擦而传染，一般始见于每年的 5～6 月。莲藕病毒病由黄瓜花叶病毒侵染所引起，病原病毒潜伏在种藕内，带毒种藕是本病的主要初侵染来源。田间主要通过蚜虫传毒；蚜虫传毒为非持久性，在病株上的传毒时间很短，只需几分钟后即可获毒，后通过在健株上的短暂取食来完成传毒，蚜虫能够保持传毒能力的时间仅仅 25～30 分钟。有翅蚜比无翅蚜传毒能力强、范围广，前者的发生数量和迁飞时间等与所传病毒病的发生和危害程度密切相关。病田中蚜虫多群集在莲株叶背或叶柄吸食危害，蚜虫发生较多的藕田病株率也较高。

3. 防治方法

莲藕病毒病的防治应采取以农业防治为基础，合理选用抗病品种和脱毒种苗，狠抓治虫防病的综合防治措施。

（1）选用抗病品种　选用抗病毒病的莲藕品种。

（2）莲藕脱毒快繁　利用组培技术进行茎尖培养，可以获得莲藕脱病毒苗；用脱毒种苗进行繁殖，可减少病毒病发生。

（3）强化农业防治措施　从无病田中选留种藕，在栽种前进行种藕消毒。加强调查和监测，发现病株应尽早挖掉，减少传染源。收获时其附近藕株均不要留作种株。施足基肥，合理追肥，增施叶面肥，培育壮苗。病田喷施叶面营养剂如磷酸二氢钾、叶面宝等，加0.05%～0.1%黑皂或洗衣皂。

（4）防蚜治蚜　注意防蚜避蚜，减少传染媒介。利用银灰膜反光驱避蚜虫，或用黄板诱杀，以减少蚜虫传毒作用；在蚜虫迁飞盛期及时喷药治蚜；同时要及时清除田边、地头杂草，邻作蔬菜也要及时喷药灭蚜。

（5）药剂防治　发病初期可选用5%菌毒清水剂500倍液或7.5%菌毒·吗啉胍水剂700倍液，每隔7～10天一次，连喷2～3次。

二、莲藕虫害

（一）莲缢管蚜

1. 形态学特征

莲缢管蚜属半翅目、蚜科。成蚜棕色、褐色至黑褐色，触角 6 节，第三节上具 21～23 个圆形次生感觉圈，喙大，延伸至后足基节，足黑色，翅面透明，翅脉暗，体侧具乳头状突起，腹管缢管形，尾片近圆锥形，具 3 对长毛；卵椭圆形，长 0.55～0.71 毫米，宽 0.30～0.39 毫米；若蚜体小，多数四龄，少数三龄或五龄。

2. 生物学特性

全年发生 25～30 代，世代重叠现象明显。在越冬寄主上 4 月下旬至 5 月上旬为发生高峰期；在夏寄主上，6 月下旬至 7 月初为第一次发生高峰，8 月下旬至 9 月中旬为第二次高峰，当湿度低于 80％时，成虫寿命及繁殖率显著下降。

3. 危害特点

以若虫和成蚜群集于莲叶片及叶柄，刺吸汁液，趋向于危害幼叶如初生立叶，也危害新叶、叶柄乃至花蕾。危害较轻时，莲叶出现黄白色斑痕；危害较重时，造成叶柄变黑、叶片枯黄、花蕊枯干，致产量降低、品质变劣。

4. 综合防治技术

（1）农业防治　及时清除田间浮萍等水生植物，合理控制种植密度，降低湿度，减轻田间郁闭度，及时调节田间水层，合理施用氮肥，适当多施磷钾肥，提高植物抗逆性。

（2）物理防治　4月下旬开始在田间张挂银白色条状物，趋避迁飞的有翅蚜；另外，在4月下旬有翅蚜始迁至夏寄主及10月中旬迁回冬寄主时，可利用黄板诱杀有翅蚜。

（3）生物防治　保护利用食蚜蝇、瓢虫、草蛉、蚜茧蜂、蚜小蜂等自然天敌，施用蚜霉菌等微生物制剂，条件允许时可开展人工繁殖及释放天敌。

（4）化学防治　田间有蚜株率达15%～20%或每株上蚜量超过1 000头时，可选用1%苦参碱水剂600～800倍液或3%啶虫脒乳油1 500～2 000倍液、70%吡虫啉水分散粒剂10 000倍液、50%灭蚜松乳油1 000倍液喷雾。施药应全面周到，并在药液中添加适量洗衣粉，增加其黏着性。

（二）食根金花虫

1. 形态学特征

食根金花虫俗称水蛆，属于鞘翅目、叶甲科。成虫体长5.0～9.0毫米，深褐色，具铜绿色金属光泽，触角11节，黄褐色，丝状，短于体长；鞘翅较发达，具平行纵沟和刻点，翅端缘切平，腹部可见5节、末端臀板外露，各足腿节端部肥大，各节基部和端部分别为黄褐色和黑褐色；卵长椭圆形，稍扁平，长约1毫米，表面光滑，常聚集成规则的块状，初产时乳白色，孵化前为淡黄色，卵上覆盖有白色透明胶状物质，将其黏附在叶片上；高龄幼虫长9.0～11.0毫米，乳白色，蛆形，头部很小，具3对胸足，无腹足，胸腹部肥大且稍弯曲呈纺锤形，尾部具1对褐色爪状尾钩；蛹长约8毫米，表面包裹有胶质薄茧。

2. 生物学特性

年发生代数与南北分布呈不明显的规律。在长沙地区年发生多代，世代重叠现象明显，4月中旬至10月上旬均可见成虫，7月下旬成虫虫量最大。

3. 危害特点

以幼虫危害植株根茎，成虫危害莲藕叶片；幼虫常附着在藕节处刮食，产生伤痕导致病菌侵袭；成虫取食叶片上表皮和叶肉，形成缺刻，严重时产生空洞。

4. 综合防治技术

（1）农业防治　危害较轻的藕田，及时清除田间杂草，减少其产卵场所；危害较重的藕田，利用幼虫在土中越冬的习性，冬季采藕后排干田水，冬耕冻垡，春季栽藕前，每公顷藕田撒50千克石灰灭杀越冬幼虫；危害极为严重的藕田，进行轮作换茬，改种非寄主植物如油菜等。

（2）物理防治　利用寄主植物诱集成虫，待其产卵后集中烧毁或者深埋。

（3）生物防治　利用藕田综合套养黄鳝、泥鳅，保护利用鸟类、青蛙、蟾蜍等捕食性天敌，可降低其危害。

（4）化学防治　在莲藕食根金花虫成虫发生期，选用70%吡虫啉水分散粒剂2 000倍液或

90%敌百虫晶体 800 倍液喷雾防治。

（三）莲斜纹夜蛾

1. 形态学特征

成虫体暗褐色，胸背有白色丛毛，前翅斑纹复杂，最大的特点是在两条波浪状纹中间有三条斜伸的明显白色斜线，故名斜纹夜蛾。幼虫中胸略膨大，背面两侧各有一黑斑；低龄幼虫头黑褐色，体嫩绿色；高龄幼虫体色多变，中胸至第九腹节亚背线内侧各节有一近半月形或似三角形的黑斑。蛹圆筒形，红褐色，腹部背面第四至第七节近前缘处各有一个小刻点。卵小米粒状，黄绿色，多层成块产于叶背，上覆一层黄色厚绒毛。

2. 生物学特性

长江流域斜纹夜蛾越冬蛹 5 月开始羽化，6 月进入危害期，7～8 月在莲藕、芋头、慈姑等水生蔬菜生长期开始大发生，一直到 10 月下旬以后，老熟幼虫在作物茎内或田边作土室化蛹越冬。成虫夜间活动，飞翔能力强，有趋光性，对糖醋液等有趋性。每头雌虫可产卵 400 粒左右，最多可产3 000粒，且卵块孵化率高。斜纹夜蛾是一种间歇性猖獗发生的害虫，其发生量主要受气候与降水量的影响，降水量少、高温干旱有利于斜纹夜蛾的发生。

3. 危害特点

莲斜纹夜蛾是水生蔬菜莲藕上的重要害虫之一。斜纹夜蛾以幼虫对莲藕植株造成危害，主要危害莲叶、莲花、子房、嫩莲籽等出水部分。成虫多在莲藕叶片背面叶脉分叉处产卵，卵呈扁球形，初产时呈黄白色，后转淡绿，孵化前呈黑紫色。卵粒集结成3～4层的卵块，其上覆盖黄色疏松的绒毛，孵化后1～2龄幼虫群集在产卵的莲叶背面，取食叶肉，危害后仅留下莲叶上表皮和叶脉，呈纱窗状，致使莲叶不能进行光合作用，逐渐枯黄死亡。三龄后幼虫具有假死性，开始分散取食，被危害的叶片呈缺刻状。4～5龄是幼虫暴食阶段，莲叶、莲花、子房、嫩莲籽等都能被取食，严重时整株只剩下枝干和主脉。该虫还可垂丝随风飘移，转株危害。老熟幼虫蛀入芋头、慈姑等茎部危害，在里面化蛹。

4. 综合防治技术

（1）性诱剂诱杀　利用斜纹夜蛾性信息素制成的性诱剂，具有灵敏度高、特异性强、不污染环境、使用方便等特点。通过在田间大量诱杀雄虫，减少成虫交配次数，最终可大大降低莲藕上的着卵数量。在莲藕田周围悬挂诱捕器，每只诱捕器安装1枚诱芯，并在接虫器中装入适量的肥皂水。诱捕器间隔约50米，悬挂高度以1.5米为佳。注意及时清理接虫器中的斜纹夜蛾，在发生高峰期每两天清理一次，清理后重新加入适量肥皂水，每隔45天更换一次诱芯。

（2）生物防治　莲斜纹夜蛾的天敌种类很多，捕食性天敌主要有瓢虫、蜘蛛类、侧刺蝽、蚂蚁和青蛙等；寄生性天敌主要有侧沟黄蜂、绒茧蜂等，这些天敌对斜纹夜蛾种群的自然控制起着重要的作用。

（3）农业防治　由于莲斜纹夜蛾食性极杂，因此要及时除草，除尽莲藕田间及周围的杂草，减少成虫产卵的场所。莲藕收获后要及时清理莲藕田，将残株落叶就地火烧处理或带出田外处理，杀灭部分幼虫和蛹。此外，可结合农事，人工摘除部分卵块和低龄幼虫聚集较多的莲藕叶片。也可在莲藕田边种植诱集植物，于每年5月初在莲藕田四周种植3行大豆，植株间距20厘米，行距30厘米。斜纹夜蛾在大豆上危害严重时，适当喷洒农药进行防治，以避免转移到莲藕上危害。为了最大程度发挥其诱集作用，诱集植物的旺长期应与莲藕斜纹夜蛾发生时期一致。

（4）灯光诱杀 目前国内应用的杀虫灯主要是频振式杀虫灯，选用波长为365纳米的太阳能杀虫灯（功率12伏/8瓦，太阳能电池板15伏/12瓦），灯具安装高度为1.5米，有效范围为1公顷/台，6月下旬到10月下旬开灯，建议每晚19:00开灯，次日6:00关灯。注意及时清刷高压触杀网和接虫袋，清刷时需关闭电源。杀虫灯与性诱剂配合使用，可大大提高诱杀虫量。

（5）化学防治 在1～3龄幼虫尚未分散之前喷施药剂，每亩可施用200亿PIB/克的斜纹夜蛾核型多角体病毒水分散粒剂4克或80%敌百虫可溶粉剂90～100克，也可喷施5%氯虫苯甲酰胺悬浮剂1 500倍液。

（四）莲潜叶摇蚊

1. 形态学特征

成虫与普通蚊虫类似，体长3～4.5毫米，淡绿色，头小。卵长椭圆形，嫩黄色，数十至数百粒聚集成卵囊，卵块胶体状，有很强的黏着力。幼虫体柔软纤细。老熟幼虫长10～11毫米，黄色或淡黄绿色。蛹体长4～6毫米，翠绿色蛹体前端和尾部生有短细的白色绒毛。

2. 生物学特征

成虫于夜间羽化，有趋光性，白天不活动。当浮叶离开水面后，幼虫很快离开虫道，转移它处，入水幼虫不能进行再次侵入，但在水中可生活很久不死，大幼虫并可在水底化蛹，蛹亦可上浮羽化为成虫。虫态不整齐，7月到8月上旬都可见到幼虫、蛹、成虫，但以幼虫居多。

3. 危害特点

以幼虫潜食叶肉危害莲藕的浮叶和实生苗叶，由叶背面侵入，开始时潜道呈线形，随着幼虫的取食，潜道呈喇叭口状向前扩大，最终形成短粗状紫黑色或酱紫色蛀道。大龄幼虫将虫粪筑在虫道两侧，因而潜道内有一段形似“＝”深色平行线。受害严重时浮叶叶面布满虫斑，几乎没有绿色面积，终致浮叶腐烂、枯萎。

4. 防治方法

（1）农业防治　清除受害浮叶，消灭越冬虫源，或通过排水晒田，控制其危害。缸栽切勿用发生严重地块的莲田土壤，对已受害的缸栽莲，要彻底换土。

（2）化学防治　从危害较重地区引种时，应彻底洗清污泥和其他杂物，必要时对外地引种的种子喷90％敌百虫晶体1 000～1 500倍液或80％敌敌畏乳油2 000倍液，再盖薄膜，闷2～3小时后下种。

三、莲藕草害

（一）主要杂草种类

莲藕田主要杂草种类有空心莲子草、浮萍、双穗雀稗、稗草、节节菜、荸荠、黑藻、雨久花、萤蔺、水芹、丁香蓼、矮慈姑、鸭舌草、辣蓼、四叶萍、满江红、凤眼莲、马唐、鳢肠、牛毛毡、鸭跖草、槐叶萍、眼子菜、水毛茛、水绵等。

（二）防治方法

1. 以做好田园清洁为主

定植前的大田准备过程中，结合整地、施

肥、灌水等操作，做好田园清洁，清除田间杂草，可起到事半功倍的作用。

2. 采用综合措施

莲田植株封行前，可采用人工及时拔除杂草，踩入泥中；结合追肥，撒尿素或碳酸氢铵等氮肥于浮萍上，抑制浮萍生长；于晴天浇泼硫酸铜溶液，防治水绵；通过保持深水，以灭除部分杂草；实行水旱轮作，减少水田杂草来源。还可以种养结合，莲田养鱼、养鸭等，以采食杂草。杂草天敌保护，有时亦可有效抑制杂草蔓延。

3. 使用除草剂要谨慎

一是要严格遵守除草剂使用说明书的规定；二是要先小面积试用并观察两周左右，对莲植株无伤害时才可大面积使用。

>>> 优质莲藕高产高效栽培

莲藕大棚早熟栽培

硬池栽藕

藕莲藕带抽取

子莲藕带产品

“早藕—荸荠”栽培模式

“莲—小龙虾”共生体系

“子莲—空心菜”套种模式

太空莲36号大田生长

太空莲36号莲蓬

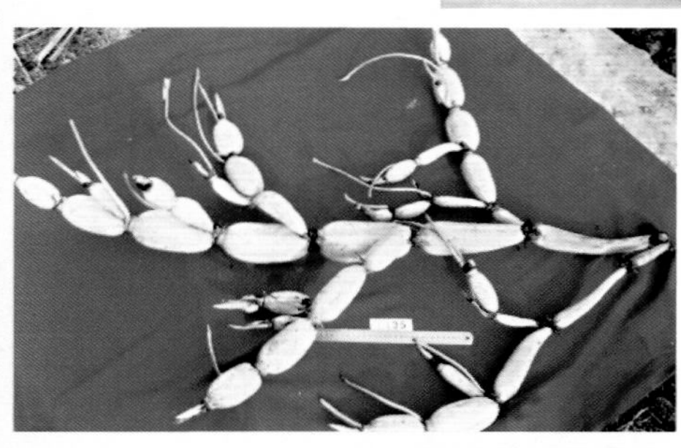

鄂莲1号

鄂莲5号

鄂莲6号

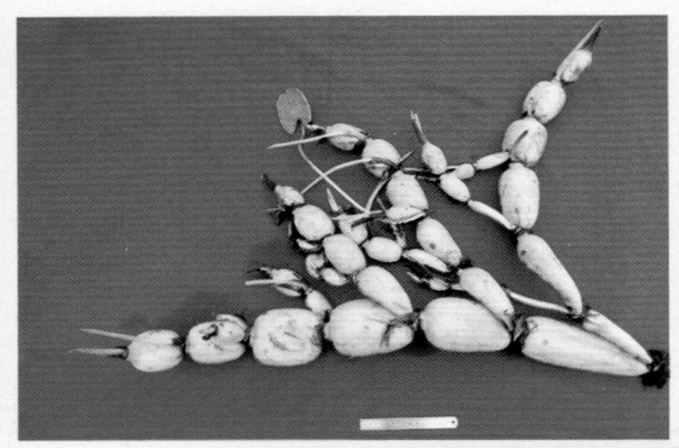

鄂莲7号（珍珠藕）

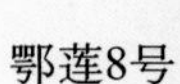

鄂莲8号

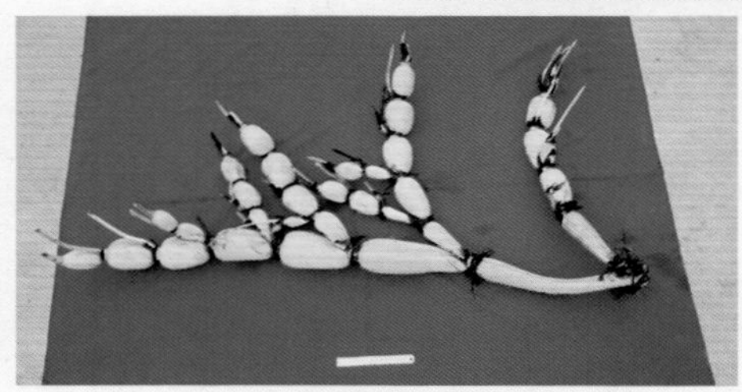

鄂莲9号（巨无霸）

鄂莲10号（赛珍珠）

满天星

鄂子莲1号（满天星）

建选17号

太空3号